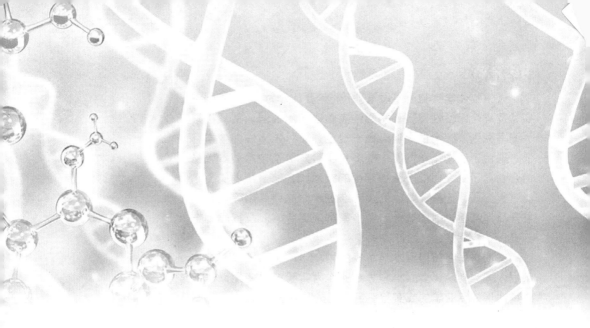

 化学工业出版社"十四五"普通高等教育规划教材

生物化学实验

李玉玺　主编

李　磊　刘龙祥　副主编

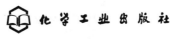

·北京·

内容简介

《生物化学实验》共设置49个实验，分为45个基础性实验及4个综合性实验。基础性实验以实用性强、重复性好为编写原则；综合性实验以操作规范并兼顾先进性为教学目的，融合了生物化学发展中的多种实验方法及技术。本教材内容涵盖了生物化学研究中常用的技术和方法，从糖类、脂类、蛋白质、核酸、酶、色素与维生素、生物氧化等几方面展开具体实验，附录部分对实验室常用缓冲溶液及其配制方法进行了介绍。

本教材适合应用型本科院校生物科学、生物技术、生物工程、生物制药、食品科学等专业作为实验教材使用；也可为其他相关专业学生或实验室工作人员提供参考。

图书在版编目（CIP）数据

生物化学实验／李玉玺主编；李磊，刘龙祥副主编．—北京：化学工业出版社，2023.8
化学工业出版社"十四五"普通高等教育规划教材
ISBN 978-7-122-43488-3

Ⅰ．①生… Ⅱ．①李… ②李… ③刘… Ⅲ．①生物化学—实验—高等学校—教材 Ⅳ．①Q5-33

中国国家版本馆CIP数据核字（2023）第086992号

责任编辑：李建丽　　　　　　　　　文字编辑：刘洋洋
责任校对：宋　夏　　　　　　　　　装帧设计：关　飞

出版发行：化学工业出版社
　　　　　（北京市东城区青年湖南街13号 邮政编码100011）
印　　装：大厂聚鑫印刷有限责任公司
710mm×1000mm 1/16　印张 15¼　字数 271千字
2023年10月北京第1版第1次印刷

购书咨询：010-64518888　　　售后服务：010-64518899
网　　址：http://www.cip.com.cn

凡购买本书，如有缺损质量问题，本社销售中心负责调换。

定　　价：49.00元　　　　　　　　　　　　版权所有　违者必究

《生物化学实验》编者名单

主　编

李玉玺

副主编

李　磊　刘龙祥

参　编

尚　帅　刘国兰　张松林

前　言

生物化学以生物体为研究对象，探索生命的化学本质，是生物类专业的核心课程，是一门实践性很强的学科。一切真知都来源于实践，生物化学实验作为一种特殊的实践活动，是生物化学理论体系形成和发展的基石。因此，在实验课程中使高校生物类专业的学生学习和掌握生物化学实验技术和方法，通过实验发现问题并解决问题，培养良好的科学思维方法、实事求是的科研态度和独立的科学实践能力，显得尤为重要。

本教材根据生物化学实验课程的特点，采用简便易得的生物材料，选取基础、实用、简便、可靠的实验技术方法，培养学生的实验技能，使其养成良好的实验习惯，形成科学的实验态度，提高综合实验能力。本教材从静态生物化学和动态生物化学两个方面展开，共设置49个实验。内容涵盖了当今生物化学研究中常用的技术和方法，主要包括糖类、脂类、蛋白质、核酸、酶、色素与维生素、生物氧化等实验内容。除此之外，为了增加教材的实用性，在教材的开篇增加了生物化学实验须知、生物化学实验常用仪器设备的使用方法、生物化学常用实验方法等，在教材的结尾增加了生物化学常用缓冲溶液的配制方法、实验报告范例。

为贯彻落实党的二十大精神，"加强企业主导的产学研深度融合，强化目标导向"，同时为了增加教材与日常生产、生活的联系，特邀请了企业一线技术人员参与本教材的编写。本教材的基础性实验以实用性强、重复性好为编写原则；综合性实验以操作规范并兼顾先进性为教学目的，融合了生物化学发展中的多种实验方法及技术。每个实验包括实验目的、实验原理、实验器材、实验步骤和实验中的注意事项等内容，形成与理论课相互补充又相对独立的实验教学体系，力求在培养学生实验技能的同时，也培养学生独立思考、综合分析、科学实践的能力和创新精神。

本教材既注重基础，又强调综合，既重视科学性和可行性的统一，又突出学以致用的特点，可作为高等院校本、专科生物化学实验教学用书，适合生物科学、生物技术、生物工程、生物制药、食品科学及相关专业的学生使用，也可供相关专业的其他研究人员参考。

本教材在编写过程中得到了山东省高水平应用型专业群建设项目（生物技术）、滨州学院品牌专业建设项目和教育部产学合作协同育人项目的资助，在编写过程中参考了很多院校的生物化学实验讲义，在此表示感谢！

由于编者的经验和水平有限，书中不妥和疏漏在所难免，恳请各位读者批评指正。

目 录

第一章 绪 论 /1

一、生物化学实验须知 ··· 1
二、实验室常用知识介绍 ··· 7
三、生物化学实验室常用仪器的使用 ··· 8
四、生物化学实验常用实验方法 ··· 17

第二章 糖 类 /35

实验1 糖的呈色反应和还原糖的检验 ·· 35
实验2 还原糖和总糖的测定（3,5-二硝基水杨酸比色法） ·················· 42
实验3 粗纤维的测定 ··· 46
实验4 多糖的提纯与鉴定 ··· 49

第三章 脂 类 /53

实验5 粗脂肪含量的测定 ··· 53
实验6 血清中甘油三酯的测定（GPO-PAP 酶法） ····························· 56
实验7 油脂碘价的测定（Hanus 法） ··· 59
实验8 食用油脂酸价和过氧化值的测定（滴定法） ··························· 63
实验9 血清总胆固醇的测定（邻苯二甲醛法） ································· 67
实验10 血清胆固醇的定量测定（磷硫铁法） ··································· 70

第四章 蛋白质 /73

实验11 蛋白质的颜色反应与沉淀反应 ·· 73
实验12 蛋白质的等电点测定 ··· 77
实验13 聚丙烯酰胺凝胶等电聚焦电泳测定蛋白质的等电点 ················· 80
实验14 酪蛋白的制备 ·· 85
实验15 蛋白质含量的测定（双缩脲法） ··· 87

实验 16　考马斯亮蓝染色法定量测定蛋白质 ……………………………………… 89
实验 17　紫外吸收法测定蛋白质浓度 …………………………………………… 92
实验 18　蛋白质含量测定（凯氏定氮法） ……………………………………… 94
实验 19　BCA 法测定蛋白质含量 ………………………………………………… 98
实验 20　氨基酸的分离鉴定（纸色谱法） ……………………………………… 100
实验 21　血清蛋白质醋酸纤维素薄膜电泳 ……………………………………… 104
实验 22　聚丙烯酰胺凝胶电泳分离血清蛋白 …………………………………… 109
实验 23　葡聚糖凝胶色谱使蛋白质脱盐 ………………………………………… 114
实验 24　间接 ELISA 测定抗体的效价 …………………………………………… 118

第五章　色素与维生素 / 123

实验 25　柱色谱分离色素 ………………………………………………………… 123
实验 26　维生素 C 的定量测定（2,6-二氯酚靛酚滴定法） …………………… 127

第六章　酶 / 131

实验 27　酶的激活、抑制作用 …………………………………………………… 131
实验 28　酶的专一性 ……………………………………………………………… 134
实验 29　温度、pH 值对酶活力的影响 ………………………………………… 137
实验 30　肝脏转氨酶（谷丙转氨酶）活力的测定 ……………………………… 140
实验 31　超氧化物歧化酶的提取及酶活性测定 ………………………………… 145
实验 32　过氧化氢酶活性的测定（碘量法） …………………………………… 149
实验 33　苯丙氨酸解氨酶的纯化及活性测定 …………………………………… 152
实验 34　聚丙烯酰胺凝胶电泳分离血清 LDH 同工酶 ………………………… 157
实验 35　血清 GPT 测定（赖氏法） …………………………………………… 160
实验 36　碱性磷酸酶的分离提取及比活力的测定 ……………………………… 163
实验 37　凝胶过滤色谱纯化碱性磷酸酶 ………………………………………… 169
实验 38　DEAE-纤维素柱色谱纯化碱性磷酸酶 ………………………………… 172

第七章　核　酸 / 175

实验 39　质粒 DNA 的提取及定性定量测定 …………………………………… 175
实验 40　酵母 RNA 的提取及组分鉴定 ………………………………………… 178
实验 41　定磷法测定核酸含量 …………………………………………………… 181
实验 42　植物基因组 DNA 提取（CTAB 法） ………………………………… 184

实验 43　肝组织中核酸的提取和鉴定 ·· 187

第八章　生物氧化 / 191

实验 44　肌糖原的酵解作用 ··· 191
实验 45　脂肪酸的 β-氧化作用——酮体的生成及测定 ··························· 194

第九章　综合性实验 / 199

实验 46　小麦萌发前后淀粉酶活性的比较 ·· 199
实验 47　脲酶的制备及其生物学性质的研究 ··· 203
实验 48　用正交法测定几种因素对酶活力的影响 ·································· 208
实验 49　激素对血糖浓度的影响 ··· 213

附录 / 217

Ⅰ 实验室常用缓冲溶液及配制方法 ··· 217
Ⅱ 实验报告模板 ·· 229

参考文献 / 235

第一章 绪 论

一、生物化学实验须知

（一）实验室规则

为保证实验安全，取得预期的实验效果，养成良好的实验习惯，形成严谨求实的科学态度，减少实验对环境的污染，学生应遵守以下规则：

① 实验课必须提前5分钟到实验室，在课代表的组织下有序进入实验室并按号就座。遵守实验室的规章制度，保持室内安静、清洁，自觉遵守课堂纪律。

② 实验前，应理解实验方案的目的，明确实验步骤和注意事项，完成预习报告。自己设计的实验方案，须征得教师同意后，再进行操作。

③ 操作前，要检查实验物品是否齐全，仪器、药品、材料是否符合要求，发现问题要及时报告老师。实验用品摆放应整齐有序，取用药品时需仔细查看标签，确保取用的药品正确，用量严格按照规定量。

④ 使用仪器、药品、试剂和各种物品必须注意节约，应特别注意保持药品和试剂的纯净，严防混杂污染。爱护仪器、设备、工具，节约水、电和其他消耗材料。如有损坏按赔偿制度处理。实验剩余的药品既不要放回原瓶，也不要随意丢弃，更不能带出实验室，要放入指定容器内。

⑤ 分组实验中，几位同学应分工负责，共同完成。在实验室里应避免不必要的身体活动和谈话，自觉遵守纪律，实验过程中要认真观察现象，实事求是地做好记录。

⑥ 实验台、试剂药品架必须保持整洁，仪器药品的摆放须井然有序。实验完毕，需将药品、试剂排列整齐，仪器洗净倒置放好，实验台面抹拭干净，经教师验收仪器后方可离开实验室。

⑦ 使用和洗涤仪器时，应小心谨慎，防止损坏仪器。使用精密仪器时，应严格遵守操作规程，发现故障应立即报告教师，不要自己动手检修。仪器损坏时，应如实向教师报告，认真填写损坏仪器登记表。

⑧ 在实验过程中要听从教师的指导，严肃认真地按操作规程进行实验，并简要、准确地将实验结果和数据记录在实验记录本上。

⑨ 每次实验课须安排学生轮流值日，值日生要负责当天实验的卫生和安全检查。离开实验室前，务必关闭电源和水龙头。

⑩ 实验后认真整理实验记录，处理实验所得数据，分析实验结果，写出实验报告，由课代表收齐交给任课教师，预习下一次实验课内容。

（二）生物化学实验室安全准则

实验中要注意安全，严格遵守操作规定，必须按规定使用仪器、药品。为防止意外事故发生，学生应遵守以下规则：

① 要注意安全用电。实验桌配有220V电源，不要用湿手、湿物接触电源，实验结束后应及时切断电源。

② 使用易燃、易爆试剂一定要远离火源。使用可燃性气体时，要严禁烟火，点燃前必须检查可燃性气体的纯度。

③ 使用腐蚀性药品要小心，避免沾在衣服或皮肤上。

④ 加热或倾倒液体时，切勿俯视容器，以防液滴飞溅造成伤害。给试管加热时，切勿将管口对着自己或他人，以免药品喷出伤人。

⑤ 嗅闻气体时，应保持一定的距离，慢慢地用手把挥发出来的气体少量地扇向自己，不要俯向容器直接去嗅。

⑥ 凡做有毒和有恶臭气体的实验，应在通风橱内进行。

⑦ 取用药品要选用药匙等专用器具，不要用手接触药品，更不要品尝药品。

⑧ 未经许可，绝不允许将几种试剂或药品随意研磨或混合。

⑨ 稀释浓酸（特别是浓硫酸）时，应把酸慢慢地注入水中，并不断搅拌。

⑩ 使用玻璃仪器时，要按操作规程，轻拿轻放，以免破损造成伤害。

⑪ 使用打孔器或用小刀割胶塞、胶管等材料时，要谨慎操作，以防割伤。

⑫ 严禁在实验室内饮食，不要把食物和饮料带进实验室，或把餐具带进实验室，更不能把实验器皿当作餐具，以免药品进入口中。实验结束，把手洗净再离开实验室。

（三）实验记录规范

详细、准确、如实地做好实验记录极为重要，记录如果有误，会使整个实验失败，这也是培养学生实验能力和严谨科学作风的一个重要方面。在实验记录过程中须做到以下几点：

① 每位同学必须准备一个实验记录本，实验前认真预习实验，看懂实验原理和操作方法，在记录本上写好实验预习报告，包括详细的实验操作步骤（可以用流程图表示）和数据记录表格等。

② 记录本上要编好页数，不得撕缺和涂改，写错时可以划去重写。不得用铅笔记录，只能用钢笔或圆珠笔。记录本的左页作计算和打草稿用，右页用作写预习报告和实验记录。同组的两位同学共同做同一实验时，两人必须都有相同、完整的记录。

③ 实验中应及时准确地记录所观察到的现象和测量的数据，条理清楚，字迹工整，切不可潦草以致日后无法辨认。实验记录必须真实客观，不可夹杂主观因素。

④ 实验中要记录的各种数据，都应事先在记录本上设计好记录格式和表格，以免实验中由于忙乱而遗漏测量和记录，造成不可挽回的损失。

⑤ 实验记录要注意有效数字。每个结果都要尽可能重复观测两次以上，即使观测的数据相同或偏差很大，也都应如实记录，不得涂改。

⑥ 实验中要详细记录实验条件，如使用的仪器型号、编号、生产厂商等；生物材料的来源、形态特征、健康状况、选用的组织及其质量等；试剂的规格、化学式、分子量、浓度等，都应记录清楚。两人一组的实验，必须每人都做记录。

（四）实验报告的书写

实验报告是实验的总结和汇报，通过实验报告的写作可以分析总结实验的经验和问题，学会处理各种实验数据的方法，加深和巩固对有关生物化学与分子生物学原理和实验技术的理解和掌握，同时也是学习撰写科学研究论文的过程。实验结束后，应及时整理和总结实验结果，写出实验报告。

1. 预习报告

（1）标题

标题应包括实验名称、实验时间、实验室名称、实验组号、实验者及同组者姓名、实验室条件。

（2）实验目的

实验目的主要是说明为什么要做这个实验，以及完成这个实验的重要性，简明扼要地写出通过本实验所要达成的目标。

（3）实验原理

简明扼要地写出实验的原理，涉及化学反应时用化学反应方程式表示。

（4）操作步骤

描述要简洁，不能照抄实验教材，可以采用工艺流程图的形式或自行设计的表格来表示，但对实验条件和操作的关键环节应写清楚，以便他人重复。

2. 实验结果与分析

（1）实验结果

将实验中的现象、数据进行整理、分析，得出相应的结论。建议尽量使用图表法来表示实验结果，如标准曲线图以及实验组与对照组实验结果的比较表等，这样可以使实验结果清楚明了。还应针对实验结果进行必要的说明和分析。

（2）讨论

讨论部分不是对结果的重述，而是对实验方法、实验结果和异常现象进行探讨和评论，对实验设计的认识、体会和建议，对实验中遇到的问题和思考题的探讨以及对实验的改进意见等。

（五）实验报告的评分标准（百分制）

1. 实验预习报告内容（30分）

学生进入实验室前应预习实验，并书写预习报告。实验预习报告应包括以下三部分。①实验原理（10分）：要求以自己的语言归纳要点；②实验材料（5分）：包括样品、试剂及仪器，只列出主要仪器、试剂（常规材料不列）；③实验方法（15分）：包括流程或路线、操作步骤，要以流程图、表格的形式给出要点，简明扼要。依据各部分内容是否完整、清楚、简明等，分以下三个等级给分。

优秀	合格	不合格
25～30	18～24	0～17

优秀：项目完整，能反映实验者对实验内容的加工、整理、提炼。

合格：较完整，有一定整理，但不够精练。

不合格：不完整、缺项，大段文字完全照抄教材，记流水账。

实验预习报告不合格者，不允许进行实验。该实验应重新预约，待实验室安排时间后方可进行实验。

2. 实验记录内容（20分）

实验记录是实验教学、科学研究的重要环节之一。实验记录的主要内容包括以下三方面：①主要实验条件，如材料的来源、质量、试剂的规格、用量、浓度，实验时间，操作要点中的技巧、失误等，以便总结实验时进行核对和作为查找成败原因的参考依据；②实验中观察到的现象，如加入试剂后溶液颜色的变化；③原始实验数据，设计实验数据表格，准确记录实验中测得的原始数据。记录测量值时，要根据仪器的精确度准确记录有效数字（如吸光度值为 0.050，不应写成 0.05），注意有效数字的位数。实验记录应在实验过程中书写；应该用钢笔或者圆珠笔记录，不能用铅笔。记录不可擦抹和涂改，写错时可以划去重记。记录数据后请教师审核并签名。

实验记录分以下三个等级给分。

优秀	合格	不合格
17~20	13~16	0~12

优秀：如实详细地记录了实验条件和实验中观察到的现象、结果及实验中的原始数据（如三次测定的吸光度值）等。实验记录用钢笔或者圆珠笔记录，没有抹擦和涂改迹象。书写准确，表格规范（三线表）。有教师的签字审核。

合格：记录了主要实验条件，但不详细、凌乱；实验中观察到的现象不细致；原始数据有涂改迹象，不规范。有教师的签字审核。

不合格：记录不完整，有遗漏；原始数据有抹擦和涂改迹象、捏造数据（以 0 分计）；图、表形式错误；用铅笔记录原始数据。无教师的签字审核。

若对记录的结果有怀疑或结果有遗漏、丢失，必须重做实验，培养严谨的科学作风。

3. 结果与讨论（45 分）

（1）数据处理（5 分）

对实验中所测得的一系列数值，要选择合适的处理方法进行整理和分析。数据处理时，要根据计算公式正确书写中间计算过程或推导过程及结果。要注意有效数字的位数、单位（国际单位制）。经过统计处理的数据要以 $X \pm SD$ 表示。数据处理过程可分成以下三个等级给分。

优秀	合格	不合格
5	4	3

优秀：处理方法合理，中间过程清楚，数据格式、单位规范。

合格：处理方法较合理，有中间计算过程，数据格式、单位较规范。

不合格：处理方法不当，无中间过程，有效数字的位数、单位不规范。

（2）结果（20 分）

实验结果部分应把所观察到的现象和处理的最终数据进行归纳、分析、比对，以列表法或作图法来表示。同时对结果还可附以必要的说明。要注意图表的规范。表格要有编号、标题；表格中数据要有单位（通常列在每一列顶端的第一行或每一行左端的第一列）。图也要有编号、标题，标注在图的下方；直角坐标图的纵轴和横轴要标出方向、名称、单位和坐标轴刻度及数值；电泳图谱和色谱图等要标明正、负极方向及分离出的区带、色带或色斑的组分或成分。电泳结果还要标记泳道，并在图题下给出泳道的注释；要标出各条带分子量标准的大小。并且注意需要结合图表对结果进行较详细的解释说明。

对实验结果的处理可分成以下三个等级给分。

优秀	合格	不合格
17～20	13～16	0～12

优秀：实验结果有归纳、解释说明，结果准确，格式规范。
合格：堆砌实验现象、数据，解释说明少。
不合格：最终实验结果错误且解释说明、图表、数字不规范。

(3) 讨论（20分）

讨论应围绕实验结果进行，不是实验结果的重述，而是以实验结果为基础的逻辑推论，基本内容包括：①根据已有的专业理论知识对实验结果进行讨论，从理论上对实验结果的各种资料、数据、现象等进行综合分析、解释，说明实验结果，重点阐述实验中出现的一般规律与特殊性规律之间的关系；②实验结果提示了哪些新问题，指出结果与结论的理论意义及其大小；③对实践的指导与应用价值；④实验中遇到的问题、差错和教训，与预想不一致的原因，有何解决的方法，提出在今后的实验中需要注意和改进的地方；⑤实验目的是否达到。同时能结合查阅的其他文献等资料进行讨论，有独到的见解。在对实验结果进行理论分析的基础上，经过推理，总结规律得出结论。结论要严谨、精练，表达要准确，与实验目的呼应。讨论部分也分三个等级给分。

优秀	合格	不合格
17～20	13～16	0～12

优秀：分析实验结果中存在的问题与得出的经验；分析实验设计的优劣；能提出实验技术、方法的改进意见；能结合自己查阅的其他资料来讨论，有自己独到的见解；有结论。
合格：仅针对实验结果进行讨论，有一定的自己的见解。
不合格：将讨论写成注意事项分析或回答思考题等，与实验结果无关。

4. 格式与版面（5分）

按照实验报告的格式书写，版面要整洁、工整，分三个等级给分。

优秀	合格	不合格
5	4	3

优秀：实验报告字迹工整，版面整洁。
合格：实验报告字迹较工整，版面较整洁。
不合格：实验报告字迹潦草，版面凌乱。

二、实验室常用知识介绍

（一）玻璃仪器的洗涤

① 新购买的玻璃仪器，首先用自来水洗去表面灰垢，然后用洗衣粉刷洗，自来水冲净后，浸泡在1%~2%盐酸溶液中过夜以除去玻璃表面的碱性物质。最后，用自来水冲洗干净，并用蒸馏水冲洗2次。

② 对于使用过的玻璃仪器，应先用自来水冲洗，再用毛刷蘸取洗衣粉刷洗。用自来水充分冲洗后再用蒸馏水冲洗2次。凡洗净的玻璃仪器壁上都不应带有水珠，否则表示尚未洗净，需重新洗涤。

③ 比较脏的仪器或不便刷洗的仪器，使用前应用流水冲洗，以除去黏附物。如果仪器上有凡士林或其他油污，应先用软纸擦除，再用有机溶剂擦净，最后用自来水冲洗。待仪器晾干后，放入铬酸洗液中浸泡过夜。取出后用自来水充分冲洗，再用蒸馏水冲洗2次。

④ 普通玻璃仪器可在烘箱内烘干，但定量的玻璃仪器如吸管、滴定管、量筒、容量瓶等不能加热，应晾干备用。另外，分光光度计比色杯的四壁是用特殊胶水黏合起来的，受热后会散架，所以也不能烘干或长时间浸泡清洗。

⑤ 对疑有传染性的生物样品（如肝炎患者的血清），其容器应先消毒再清洗。盛过剧毒药物或放射性同位素物质的容器，应先经过专门处理后再清洗。

（二）一些常用的洗涤剂

1. 肥皂水或洗衣粉溶液

这是最常用的洗涤剂，主要是利用其乳化作用以除去污垢，一般玻璃仪器均可用其刷洗。

2. 铬酸洗液

铬酸洗液（重铬酸钾-硫酸洗液）广泛用于玻璃仪器的洗涤，其清洁效力来自它的强氧化性（6价铬）和强酸性。铬酸洗液具有强腐蚀性，使用时应注意安全。铬酸洗液可反复使用多次，如洗液由红棕色变为绿色或过稀则不宜再用。

3. 5%～10%乙二胺四乙酸二钠（EDTA-Na_2）溶液

加热煮沸，利用EDTA和金属离子的强配位效应，可去除玻璃器皿内部钙镁盐类的白色沉淀和不易溶解的重金属盐类。

4. 45%尿素洗液

45%尿素洗液是蛋白质的良好溶剂，适用于洗涤盛蛋白质制剂、血样的容器。

5. 乙醇-硝酸混合液

乙醇-硝酸混合液用于清洗一般方法难以洗净的有机物，最适合洗涤滴定管。

三、生物化学实验室常用仪器的使用

（一）移液枪

移液枪在生化实验中被大量使用，它们主要用于量取少量或微量的液体，可多次重复地快速定量移液，可单手操作，十分方便。移液的准确度（即容量误差）为±（0.5%～1.5%），移液的精密度（即重复性误差）更小些，≤0.5%。

移液枪可分为2种：一种是固定容量的，常用的有100μL等多种规格。每种移液枪都有其专用的聚丙烯塑料枪头（吸头），枪头通常是一次性使用，当然也可以超声清洗后重复使用，此种枪头还可以进行121℃高温、高压灭菌。另一种是可调容量的移液枪，常用的有200μL、500μL和1000μL等几种（图1-1）。使用时推动按钮内部的活塞分2段行程：第一挡为吸液，第二挡为放液。

1. 移液枪的操作方法

（1）量程的调节

在调节量程时，用拇指和食指旋转移液枪上部的旋钮，使数字窗口出现所需容量体积的数字。如果要从大体积调为小体积，则按照正常的调节方法，逆时针旋转旋钮即可；但如果要从小体积调为大体积时，则可先顺时针旋转刻度旋钮至超过设定量程的刻度，再回调至设定体积，这样可以保证量取的最高精确度。在该过程中，不可将旋钮旋出最大量程，否则会卡住内部机械装置而损坏移液枪。

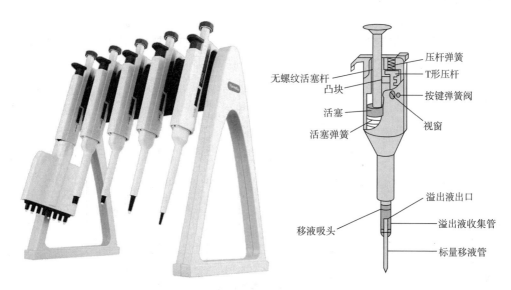

图 1-1 移液枪及内部构造

（2）枪头的装配

在将枪头套上移液枪时，不可用力太大，因为这样会导致移液枪的内部配件（如弹簧）因敲击产生的瞬时撞击力而变得松散，甚至会导致刻度调节旋钮卡住。正确的方法是将移液枪（器）垂直插入枪头中，稍微用力左右微微转动即可使其紧密结合。如果是多道（如8道或12道）移液枪，则可以将移液枪的第一道对准第一个枪头，然后倾斜地插入，往前后方向摇动即可卡紧。枪头卡紧的标志是略超过"O"形环，并可以看到连接部分形成清晰的密封圈。

（3）移液

移液之前，要保证移液枪、枪头和液体处于相同温度。四指并拢，握住移液枪上部，并使移液枪保持竖直状态，然后用拇指按住柱塞杆顶端的按钮，向下按到第一停点（图1-2），将移液枪的枪头插入待取溶液中，缓慢松开按钮，吸上液体，并停留1～2s（黏性大的溶液可加长停留时间），将枪头沿器壁滑出容器，用吸水纸擦去吸头表面可能附着的液体。排液时枪头接触倾斜的器壁，先将按钮按到第一停点，停留1～2s（黏性大的液体要加长停留时间），再按压到第二停点，吹出枪头尖部的剩余溶液，然后按下除枪头推杆，将枪头推入废物缸。在吸液之前，可以先吸放几次液体以润湿枪头（尤其是要吸取黏稠或密度与水不同的液体时）。

（4）放置

使用完毕，把移液枪的量程调至最大值刻度，使弹簧处于松弛状态，以保护弹簧。然后竖直挂在移液枪架上。当移液枪枪头里有液体时，切勿将移液枪

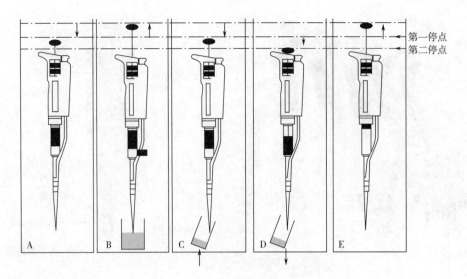

图 1-2 移液枪移液操作示意图

水平放置或倒置，以免液体倒流，腐蚀活塞弹簧。

2. 移液枪的维护保养

（1）定期清洗移液枪

可以先用肥皂水或 60％异丙醇清洗，然后再用蒸馏水清洗，自然晾干。每天开始工作时，检查移液枪外表（尤其是枪头连件部分）是否有灰尘和污渍，建议用 70％乙醇擦拭，确保清洁。如果移液枪每天都需要使用，则建议每 3 个月清洁并校准 1 次。

清洗时按照说明书拆开移液枪，检查并擦拭灰尘和污渍，只能用 70％乙醇擦拭，管嘴连件和推出器可浸泡在 70％乙醇中过夜，活塞、"O" 形环和弹簧涂上硅油后装上，并复原移液枪。

（2）高温、高压消毒

管嘴在 121℃高温、高压灭菌 20min 后，放置在常温或烘箱中，待水汽蒸发后再使用。整支 Focus 和 Digital 移液枪、Freshman 和 Colour 移液枪的管嘴连件，以及电子移液枪的管嘴连件，也按 121℃高温、高压 20min 的条件消毒。消毒后的移液枪必须放置在室温 2h 后方可使用，并且需要进行校准。

（3）校准

在 20~25℃环境下，通过重复几次称量蒸馏水的方法进行。用电子天平称量所取纯水的质量并进行计算，来校正移液枪，1mL 蒸馏水 20℃时重 0.9982g。

（4）漏液的检查

使用时要检查是否有漏液现象，检查方法是吸取液体后悬空垂直放置数秒钟，看看液面是否下降。如果漏液，大致有以下几方面原因：枪头不匹配，弹簧活塞老化，液体易挥发。如果是最后一种情况，可以先吸放数次液体，然后再移液。

3. 移液枪使用注意事项

① 吸取液体时一定要缓慢平稳地松开拇指，绝不允许突然松开，以防溶液吸入过快而冲入移液枪内腐蚀柱塞。

② 浓度和黏度大的液体，会产生误差。可通过试验确定消除其误差的补偿量，补偿量可通过调节旋钮、改变读数窗的读数来进行设定。

③ 可用电子天平称量所取纯水的质量并进行计算的方法来校正取液器，1mL 蒸馏水 20℃时重 0.9982g。

④ 在设置量程时，请注意旋转到所需量程数字清清楚楚显示在读数窗中，所设量程应在移液枪量程范围内，不要将旋钮旋出量程，否则会卡住机械装置，损坏了移液枪。

⑤ 严禁吸取有强挥发性、强腐蚀性的液体（如浓酸、浓碱、有机物等）。一般常用的移液枪只适用于量取水溶液，如生物缓冲液、培养液等。

⑥ 严禁使用移液枪吹打混匀液体。

⑦ 不要用大量程的移液枪移取小体积的液体，以免影响准确度。同时，如果需要移取量程范围以外较大量的液体，请使用吸管进行操作。

（二）电热恒温水浴箱

电热恒温水浴箱用于恒温、加热、消毒及蒸发等。常用的有2孔、4孔、6孔和8孔，工作温度从室温至100℃，如图1-3。

图 1-3 数显电热恒温水浴箱

1. 使用方法

① 关闭水浴箱底部外侧的放水阀门，向水浴箱中注入蒸馏水至适当的深度。加蒸馏水而不是自来水是为了防止水浴箱体（铝板或铜板）被侵蚀。

② 将电源插头接在插座上，合上电闸，插座的粗孔必须安装接地线。
③ 将调温旋钮旋转至适当温度位置。
④ 打开电源开关，接通电源，红灯亮表示电炉丝通电开始加热。
⑤ 在恒温过程中，当温度升到所需的温度时，沿逆时针方向旋转调温旋钮至红灯熄灭、绿灯亮为止。此后，红绿灯就不断熄、亮，表示恒温控制发生作用。
⑥ 调温旋钮刻度盘的数字并不表示恒温水浴箱内的温度。随时记录调温旋钮在刻度盘上的位置与恒温水浴箱内温度计指示的温度的关系。在多次使用、总结经验的基础上，可以比较迅速地调节，得到需要控制的温度。
⑦ 使用完毕，关闭电源，拉下电闸，拔下插头。
⑧ 若较长时间不使用，应将调温旋钮退回零位，并打开放水阀门，放尽水浴箱内的全部存水。

2. 使用注意事项

① 水浴箱内的水位绝对不能低于电热管，否则电热管将被烧坏。
② 控制箱内部切勿受潮，以防漏电损坏。
③ 初次使用时，应加入与所需温度相近的水后再通电，并防止水箱内无水时接通电源。
④ 使用过程中应注意随时盖上水浴槽盖，防止水箱内水被蒸干。
⑤ 调温旋钮刻度盘的刻度并不能精确表示水温，实际水温应以温度计读数为准。

（三）高速离心机

在实验过程中，欲使沉淀与母液分开，有过滤和离心 2 种方法。在下述情况下，使用离心方法较为合适：沉淀有黏性；沉淀颗粒小，容易透过滤纸；沉淀量多而疏松；沉淀量少，需要定量测定；母液量很少，分离时应减少损失；沉淀和母液必须迅速分离开；母液黏稠。

离心机是利用离心力对混合物溶液进行分离和沉淀的一种专用仪器（图 1-4）。电动离心机通常分为大、中、小 3 种类型。

1. 准备工作

① 平衡：将一对离心管放入一对套管中，置于天平两侧，用滴管向较轻一侧的离心管与套管之间滴水至两侧平衡。
② 对称：将已平衡好的一对管置于离心机中的对称位置。

2. 使用方法

① 离心前检查：取出所有套管，起动空载的离心机，观察是否转动平稳；

图 1-4　离心机

检查套管有无软垫,是否完好,内部有无异物,离心管与套管是否匹配;检查变速旋钮是否在"0"处。

② 离心时先将待离心的物质转移到大小合适的离心管内,盛量物占管的 2/3 体积,以免溢出。将此离心管放入外套管内。

③ 将 1 对外套管(连同离心管)放在天平上平衡,如不平衡,可用小吸管调整离心管内容物的量或向离心管与外套管间加入平衡用水。每次离心操作都必须调平衡,否则将会损坏离心机部件,甚至造成严重事故,应十分警惕。

④ 将以上 2 个平衡好的套管,按对称位置放到离心机中,并把不用的离心套管取出,盖严离心机盖。

⑤ 开动时,先开电源开关,然后根据离心要求设置好转速,启动离心机。停止时,待离心机自动停止后,方可打开离心机盖并取出样品,绝对不能用手阻止离心机转动。

⑥ 用完后,将套管中的橡皮垫洗净,保管好,冲洗外套管,倒立使其干燥。

3. **注意事项**

① 离心过程中,若听到异响,表明离心管可能破碎,应立即停止离心操作。如果管已破碎,将碎片冲洗干净(碎片不能倒入下水道),然后换管按上述操作重新离心;若管未破碎,也需要重新平衡后再离心。

② 酚等有机溶剂会腐蚀金属套管,若有渗漏现象,必须及时擦干净漏出的溶液,并更换套管。

③ 避免连续长时间使用。一般大离心机使用 40min 后应停机 20min 或 30min,台式小离心机使用 40min 后停机 10min。

④ 电源电压与离心机所需的电压一致,接地后才能通电使用。

⑤ 应不定期检查离心机内电动机的电刷与转子磨损情况,磨损严重时更换电刷或轴承。

（四）分光光度计

人们在实践中早已总结出不同颜色的物质具有不同的物理和化学性质，根据物质的这些特性可对其进行有效分析和判别。1918年，美国国家标准局制成了第一台紫外-可见分光光度计。此后，分光光度计（图1-5）经不断改进，又出现自动记录、自动打印、数字显示、微机控制等各种类型的仪器，使分光光度法的灵敏度和准确度不断提高，应用范围不断扩大。目前，分光光度法已在工农业各个部门和科学研究的各个领域被广泛采用，成为人们从事生产和科研的有力测试手段。我国在分析化学领域有着坚实的基础，在分光光度分析方法和仪器的制造方面都已达到一定的水平。

图1-5　分光光度计

1. 仪器的构造（主要部件）

（1）光学系统

采用光栅自准式色散系统和单光束结构光路。

（2）仪器的结构

722型分光光度计的主要部件包括光源室、单色光器、试样室、光电管暗盒、电子系统及数字显示器等部件（图1-6）。

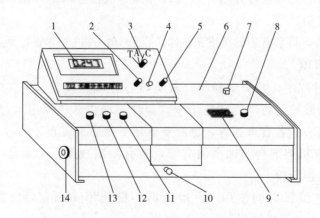

图1-6　722型光栅分光光度计外观示意图

1—数字显示器；2—吸光度调零旋钮（消光零）；3—选择开关；4—吸光度调斜率电位器；5—浓度旋钮；6—光源室；7—电源开关；8—波长旋钮；9—波长刻度窗；10—试样架拉手；11—100%T旋钮；12—0%T旋钮（0旋钮）；13—灵敏度调节旋钮；14—干燥器

① 光源室部件由钨灯灯架、聚光镜架、截止滤光片组架等部件组成。钨灯灯架上装有钨灯，作为可见区域的能量辐射源。

② 单色器部件是仪器的心脏部分，位于光源与试样室之间。由狭缝部件、反光镜组件、准直镜部件、光栅部件与波长线性传动机构等组成。在这里使光源室来的白光变成单色光。

③ 试样室部件由比色皿座架部件及光门部件组成。

④ 光电管暗盒部件由光电管及微电流放大器电路板等部件组成。由试样室出来的光经光电转换并放大后，在数字显示器上直接显示出测定液的 A 值或 T、c 值。

2. 工作过程

如图 1-7 所示：由钨灯发出的连续辐射光经滤色片选择及聚光镜聚光后经入射光狭缝进入单色光器，进入单色光器的复合光通过平面反射镜反射及准直镜准直变成平行光射向色散元件光栅，光栅将入射的复合光通过衍射作用形成按照一定顺序均匀排列的连续单色光谱，此单色光重新回到准直镜上，由于仪器出射狭缝设置在准直镜的焦面上，这样从光栅色散出来的光谱经准直镜后利用聚光原理成像在出射狭缝上，通过调节与准直镜和光栅联动的波长调节旋钮，出射狭缝可选出指定带宽的单色光。单色光通过聚光镜落在试样室被测样品中心，一部分被吸收，一部分透过，透射光经光门射向光电池，产生光电流，光电流经检流计的仪表显示出来。

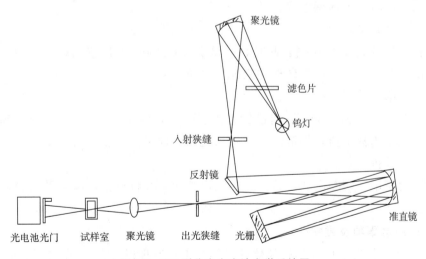

图 1-7　722 型分光光度计光学系统图

3. 波长的选择

朗伯-比尔定律只适用于单色光。不同颜色的溶液吸收的单色光是不同的，因此，不同颜色的待测溶液，应选择不同波长的单色光。其选择原则是使被测溶液的单位浓度的吸光度变化最大，也即选择最容易被溶液吸收的波长。通常是根据其光吸收曲线来选择最佳测定波长。

4. 操作步骤

（1）预热仪器

为使测定稳定，将电源开关打开，选择开关置于"T"挡，使仪器预热20min，为了防止光电管疲劳，不要连续光照。预热仪器时和不测定时应将比色皿暗箱盖打开，使光路切断。

（2）选定波长

根据实验要求，旋转波长调节旋钮，选择所需要的单色光波长。

（3）固定灵敏度挡

根据有色溶液对光的吸收情况，选择合适的灵敏度，最好使吸光度读数在0.2~0.7之间。旋动灵敏度旋钮，使其固定于某一挡，在实验过程中不再变动。一般测定固定在"1"挡。

（4）调节"0"点

打开比色皿暗箱盖，调节"0％T"旋钮，使数字显示为"00.0"。

（5）调节透光率"100％"

将参比溶液比色皿置于光路，盖上比色皿暗箱盖，调节透光率"100％ T"旋钮，使数字显示为"100.0T"（如果显示不到100％T，则可适当增加灵敏度的挡数，同时应重新调整仪器的"00.0"）。

（6）吸光度测定

将选择开关置于A挡，此时数字显示为0.000，然后移动拉杆，使被测溶液对准光路，显示值即为试样的吸光度A值。

（7）浓度的测量

选择开关由A旋至C，将已标定浓度的溶液移入光路，调节浓度按钮，使得数字显示为标定值，将被测溶液移入光路，即可读出相应的浓度值。

（8）关机

实验完毕，切断电源，将比色皿取出洗净，并将比色皿座架及暗箱用软纸擦净。

5. 注意事项及维护

① 使用仪器前应先了解仪器的结构和工作原理以及各个操作旋钮的功能。

② 在未接通电源前，应对仪器进行检查，电源通地要良好，各个调节旋钮应在起始位置。放大器暗盒的硅胶如变红色应及时更换或烘干后再用。

③ 每台仪器所配套的比色杯不能与其他仪器上的比色杯单个调换。

④ 仪器停止工作时，应切断电源。
⑤ 保持仪器的清洁和干燥，仪器在停止使用时应用塑料套子将仪器罩住，在套子内放数袋硅胶防潮。
⑥ 仪器工作数月或搬动后，要检查波长和吸光度精度，以确保仪器的正常使用和精度。

6. 使用比色皿时注意事项

① 拿比色皿时，手指只能捏住比色皿毛玻璃面，不要碰比色皿的透光面，以免沾污。
② 应将比色皿的透光面对准光路，切勿将毛玻璃面对着光路。
③ 测定有色溶液吸光度时，一定要用有色溶液清洗比色皿内壁几次，以免改变有色溶液的浓度。在测定一系列溶液的吸光度时，通常都按由稀到浓的浓度顺序测定，以减小测量误差。
④ 清洗比色皿时，一般先用水冲洗，再用蒸馏水洗净。如比色皿被有机物沾污，可用盐酸-乙醇混合洗涤液（体积比1∶2）浸泡片刻，再用水冲洗，最后用蒸馏水洗净。不能用碱溶液或氧化性强的洗涤液洗比色皿，以免损坏；也不能用毛刷清洗比色皿，以免损伤它的透光面。每次做完实验时，应立即洗净比色皿。
⑤ 比色皿外壁的水用擦镜纸或细软的吸水纸吸干，以保护透光面。

四、生物化学实验常用实验方法

（一）分光光度法

分光光度法是利用物质所特有的吸收光谱对物质进行定性或定量分析的一项技术。它具有灵敏度高、操作简便、快速等优点，是生物化学实验中常用的实验方法之一。许多物质浓度的测定都采用分光光度法。

1. 原理

光的本质是一种电磁波，具有不同的波长。肉眼可见的光称为可见光，波长范围在400～760nm，波长<400nm 的光称为紫外光，波长>760nm 的光称为红外光。可见光区的光因波长不同而呈现不同的颜色，这些不同颜色的光称为单色光。单色光并非单一波长的光，而是一定波长范围内的光。可见光区的单色光按波长从大到小的顺序排列为：红、橙、黄、绿、青、蓝、紫。

许多物质的溶液具有颜色，有色溶液所呈现的颜色是由溶液中的物质对光的选择性吸收所致。不同的物质由于其分子结构不同，对不同波长光的吸收能力也不同，具有其特有的吸收光谱。即使是相同的物质由于其含量不同，对光的吸收程度也不同。利用物质所特有的吸收光谱来鉴别物质或利用物质对一定波长光的吸收程度来测定物质含量的方法，称为分光光度法。所使用的仪器称为分光光度计。

朗伯-比尔（Lambert-Beer）定律是分光光度法依据的基本原理。当一束单色光通过一均匀的溶液时，一部分被吸收，一部分透过。设入射光的强度为 I_0，透射光强度为 I，则 $\dfrac{I}{I_0}$ 为透光度，用 T 表示。

当溶液的液层厚度不变时，溶液的浓度越大，对光的吸收程度越大，则透光度越小。即：

$$-\lg T = Kc$$

式中，K 为吸光系数，c 为浓度。当溶液浓度不变时，溶液的液层厚度越大，对光的吸收程度越大，则透光度越小。即：

$$-\lg T = KL$$

式中，L 为液层厚度。将以上两式合并可用下式表示：

$$-\lg T = KcL$$

研究表明：溶液对光的吸收程度即吸光度（A），又称消光度（E）或光密度（OD），与透光度（T）呈负对数关系，即：

$$A = -\lg T$$

故：

$$A = KcL$$

上式称为朗伯-比尔定律，其意义为：当一束单色光通过一均匀溶液时，溶液对单色光的吸收程度与溶液浓度和液层厚度的乘积成正比。

朗伯-比尔定律常被用于测定有色溶液中的物质含量。其方法是配制已知浓度的标准液（S），将待测液（T）与标准液以同样的方法显色，然后放在厚度相同的比色皿中进行比色，测定其吸光度，得 A_S 和 A_T，根据朗伯-比尔定律：

$$A_S = K_S c_S L_S;\quad A_T = K_T c_T L_T$$

两式相除得：

$$\frac{A_S}{A_T} = \frac{K_S c_S L_S}{K_T c_T L_T}$$

由于是同一类物质，其 K 值相同，又因为比色皿的厚度相等，所以 $K_S = K_T$，$L_S = L_T$，则：

$$\frac{A_S}{A_T} = \frac{c_S}{c_T}$$

$$c_T = \frac{A_T}{A_S} \times c_S$$

此即朗伯-比尔定律的应用公式。

2. 应用

利用分光光度法对物质浓度进行定量测定主要有以下几种方法。

(1) 标准管法

将待测溶液与已知浓度的标准溶液在相同条件下分别测定 A 值，然后按下式求得待测溶液中物质的含量。

$$c_T = \frac{A_T}{A_S} \times c_S$$

(2) 标准曲线法

先配制一系列浓度由小到大的标准溶液，分别测定出它们的 A 值，以 A 值为横坐标，浓度为纵坐标，作标准曲线。在测定待测溶液时，操作条件应与制作标准曲线时相同，以待测液的 A 值从标准曲线上查出该样品的相应浓度。

(3) 吸收系数法

当某物质溶液的浓度为 1mol/L，厚度为 1cm 时，溶液对某波长的吸光度称为该物质的摩尔吸光系数，以 ε 表示。ε 值可通过实验测得，也可由手册中查出。

已知某物质 ε 值，只要测出其 A 值再根据下式便可求得样品的浓度。

$$c = \frac{A}{\varepsilon}$$

（二）电泳法

带电粒子在电场中向着电性相反的电极移动的现象称为电泳。利用电泳对物质进行分离的方法称为电泳法，用的仪器是电泳仪（图 1-8）、电泳槽（图 1-9）。

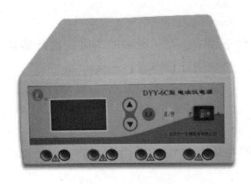

图 1-8　电泳仪

图 1-9　电泳槽

1. 原理

任意物质的分子，由于其本身基团的解离作用或由于表面吸附有其他带电基团，都可成为带电颗粒。例如，蛋白质分子是两性电解质，在一定的pH条件下，就会解离而带电。带电的性质和多少取决于蛋白质分子的性质（pI）及溶液的pH和离子强度。当pH=pI时，蛋白质分子净电荷等于零，在电场中不移动；当pH＜pI时，蛋白质分子带正电荷，在电场中向负极移动；当pH＞pI时，蛋白质分子带负电荷，在电场中向正极移动。

不同带电颗粒其电荷量不同，在电场中泳动速度也不同。带电颗粒在单位电场强度下的泳动速度称为迁移率（μ），即$\mu=v/X$，式中X为电场强度，v为颗粒泳动速率。迁移率是带电颗粒的一个物理常数。

设一带电粒子在电场中所受的力为F，F的大小取决于粒子所带的净电荷量Q和电场强度X，即：

$$F = QX$$

又按Stokes定律，一球形的粒子运动时所受到的阻力F'与粒子的运动速度v、粒子的半径r、介质的黏度η的关系为：

$$F' = 6\pi r \eta v$$

当电泳达到平衡时，带电粒子在电场做匀速运动，则：

$$F = F'$$

即：

$$QX = 6\pi r \eta v$$

移项得：

$$\frac{v}{X} = \frac{Q}{6\pi r \eta}$$

v/X表示单位电场强度时粒子运动的速度，称为迁移率，以μ表示，即：

$$\mu = \frac{v}{X} = \frac{Q}{6\pi r \eta}$$

由上式可见粒子的迁移率在一定条件下取决于粒子所带的净电荷量及形状的大小，带电荷多而颗粒小的迁移率快，反之则迁移率慢。

在实验中，电泳速度为单位时间t（s）内移动的距离d（cm），即：

$$v = \frac{d}{t}$$

电场强度X为单位距离（cm）内的电势差（V），即当距离为l、电势差为E时，则：

$$X = \frac{E}{l}$$

以 $v=d/t$，$X=E/l$ 代入 $\mu=\dfrac{v}{X}$ 即得：

$$\mu=\dfrac{v}{X}=\dfrac{d/t}{E/l}=\dfrac{dl}{Et}$$

所以迁移率的单位为 $cm^2/(s·V)$

如 A 物质在电场中移动的距离为：

$$d_A=\mu_A\dfrac{Et}{l}$$

B 物质在电场中移动的距离为：

$$d_B=\mu_B\dfrac{Et}{l}$$

两物质移动距离的差为：

$$\Delta d=(d_A-d_B)=(\mu_A-\mu_B)\dfrac{Et}{l}$$

由上式说明 A 物质和 B 物质能否分离取决于两者的迁移率，如相同则不能分离，如不同则能分离。电泳技术能对各种物质进行分离就是利用各物质迁移率的差别。不同的物质由于其所带电荷的性质、多少及分子大小、形状的不同，从而具有不同的迁移率，经过一定时间的电泳后可达到将它们分离的目的。

2. 影响电泳的因素

（1）带电颗粒的物理性状

带电颗粒的物理性状包括带电颗粒电荷数、颗粒大小、形状和空间构型。由上文知：$\mu=v/X=Q/6\pi r\eta$。从公式可知，带电颗粒电荷量愈多，泳动速度越快，颗粒形状越大，与支持物介质摩擦越大，泳动速度越小。

（2）支持物介质

目前常用的电泳支持物主要有纤维薄膜（玻璃纤维薄膜、醋酸纤维薄膜）和凝胶（琼脂糖凝胶、聚丙烯酰胺凝胶）。这些支持物多为多孔结构，多孔支持物表面可吸附水中的正离子或负离子使溶液相对带电，在电场作用下，溶液就会向一定方向移动，这种在电场作用下液体对固体支持物相对移动的现象称为电渗。若电渗作用的方向和电泳作用的方向一致，则物质移动是电渗和电泳作用之和，反之是两者作用之差。

凝胶支持物结构的孔隙对带电颗粒分子产生阻力，大分子颗粒在凝胶中泳动速度慢，小分子颗粒泳动速度快。

（3）缓冲溶液

缓冲溶液是电泳中的导体，它的种类、pH、离子强度直接影响电泳的效率。不同的电泳方法可选择不同的缓冲溶液。

① pH：溶液的 pH 决定带电颗粒解离的程度，即决定其所带净电荷的多少，对蛋白质这样的两性电解质而言，pH 离 pI 越远，颗粒带净电荷越多，泳动速度越快；反之则越慢。因此应选择合适的 pH，使各种蛋白质所带电荷差异较大，有利于彼此分开。为了使电泳过程溶液 pH 恒定，必须采用具有一定缓冲能力的缓冲溶液。

② 离子强度：溶液的离子强度越高，颗粒的泳动速度越慢；反之则越快。一般最适离子强度在 0.02~0.2，离子强度的计算方法为：$I = 1/2 \sum cZ^2$（式中，I 为离子强度，c 为离子的物质的量浓度，Z 为离子的价数）。离子强度过低，溶液的缓冲能力会减弱，不易维持所需 pH，反而影响颗粒带电荷状态，从而影响电泳。

（4）电场强度

电场强度是电泳支持物上每厘米的电位降，也称电势梯度。电场强度对泳动速度起着决定性作用，电场强度越高，泳动速度越快，但随着电压的增加，电流加大，产生热效应，易使蛋白质变性而影响电泳。因此，进行高压电泳时应配备冷却水系统，以便在电泳过程中降温。

（5）电渗

在电场中液体对固体的相对移动，称为电渗。在水溶液中，电泳所用的支持物表面的化学基团可解离而带电，如滤纸表面的羟基解离使介质表面带负电荷。水是极性分子，因此与滤纸表面接触的水溶液带正电荷。在电场作用下，则向负极移动。电泳和电渗往往是同时发生的，带电粒子的移动距离受电渗影响。若电泳的方向与电渗的方向相反，则电泳的实际距离等于两者距离之差；若两者的方向相同，则电泳的实际距离为两者距离之和（图 1-10）。

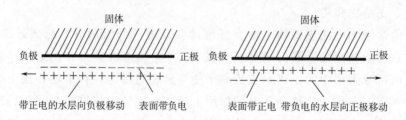

图 1-10　电渗示意图

3. 区带电泳的分类

目前所采用的电泳方法，大致可分为 3 类：显微电泳、自由界面电泳和区带电泳。其中区带电泳应用比较广泛。利用支持物作载体，被分离物质经电泳后形成区带，称为区带电泳。

(1) 按支持物的物理性质不同分类

① 滤纸及其他纤维（如玻璃纤维、醋酸纤维、聚氯乙烯纤维）薄膜电泳。

② 凝胶电泳：如琼脂糖凝胶、聚丙烯酰胺凝胶、淀粉凝胶电泳。

③ 粉末电泳：如纤维素粉、淀粉、玻璃粉电泳。

④ 线丝电泳：如尼龙丝、人造丝电泳，此为微量电泳方法。

(2) 按支持物的装置形式不同分类

① 平板式电泳：支持物水平放置，是最常用的电泳方式。

② 垂直板式电泳：比较少用，如聚丙烯酰胺凝胶可做成垂直板式电泳。

③ 垂直柱式电泳：如聚丙烯酰胺凝胶盘状电泳。

④ 连续流动电泳：它是利用溶液的虹吸作用和电场的引力来分离样品。将支持物垂直竖立，两边各放一电极，溶液和样品自顶部流下，与电泳方向垂直。样品一方面受电场作用向所带电荷相反的电极方向移动，另一方面在缓冲液的推动下垂直向下移动，两种因素共同作用使样品分离。

(3) 按 pH 的连续性不同分类

① 连续 pH 电泳：整个电泳过程 pH 保持不变，如常用的纸电泳、醋酸纤维薄膜电泳等。

② 非连续 pH 电泳：指缓冲液和电泳支持物间有不同 pH 的电泳，如聚丙烯酰胺凝胶盘状电脉、等电聚焦电泳等。

应用电泳技术可以使许多复杂大分子化合物如蛋白质、酶、核酸等进行分离，还可用于某种物质纯度分析，结合其他色谱法等分离技术可以提高对物质的结构分析和鉴别能力，所以电泳技术已成为生物化学与分子生物学研究的重要工具。

(三) 色谱法

1. 概念

色谱法是根据混合物中各组分的理化性质（溶解度、吸附力、分子极性、分子形状和大小等）的不同，通过一定的支持物（色谱柱或色谱板）对各组分分离分析的方法。由于其主要是依据物质的物理性质不同将各种物质进行分离，故该方法是一种广泛应用的物理化学分离分析技术，也是生物化学实验中最常用的分离技术之一。

色谱法分析测定的对象是混合物，一般是将样品放在一定的支持物上，使各组分以不同的程度分布在两个相中，其中在色谱中固定不动的称为固定相，在色谱中不断流过固定相的液体或气体称为流动相，混合物中各组分随着流动相的移动被分离，即通过色谱将混合物中各组分一一分开，作定性定量分析。

色谱法具有高效能、高选择性、高灵敏度和操作简便等特点，尤其适合样品含量少、杂质含量多的复杂生物样品的分析。

2. 分类

(1) 按两相所处的状态分类

流动相为液态的称为液相色谱，流动相为气态的称为气相色谱。固定相也有两种状态，一种是以固体吸附剂作固定相，另一种是以吸附在固体上的液体作固定相，故可分为如下几类：

$$液相色谱\begin{cases}液-固色谱\\液-液色谱\end{cases}$$

$$气相色谱\begin{cases}气-固色谱\\气-液色谱\end{cases}$$

(2) 按色谱的原理分类

① 吸附色谱：固定相是固体吸附剂。利用固体吸附剂表面对不同组分的吸附能力的差异达到分离物质的目的。

② 分配色谱：固定相为液体。利用不同组分在固定相和流动相之间分配系数（即溶解度）不同使物质分离。

③ 离子交换色谱：固定相为离子交换剂。利用各组分对离子交换剂的亲和力不同而进行分离。

④ 凝胶色谱：固定相为凝胶。利用各组分在凝胶上受阻滞的程度不同而进行分离。

(3) 按操作方式不同分类

① 柱色谱：将固定相装于柱内，使样品沿一个方向移动，以达到分离的目的。

② 纸色谱：以滤纸作载体，点样后用流动相展开，以达到分离的目的。

③ 薄层色谱：将粒度适当的吸附剂均匀地涂成薄层，点样后用流动相展开，以达到分离的目的。

3. 常用的色谱法

(1) 薄层色谱法

薄层色谱（thin layer chromatography，TLC）是将适宜的吸附剂（或载体）涂布于玻璃板、塑料板或铝箔上形成均匀薄层，待点样、展开、显色后与适宜的对照物按同法在同板上所得的色谱图对比，用以进行鉴别、检查或含量测定。薄层色谱是色谱法中应用最广泛的方法之一，具有分离能力强、灵敏度高、展开时间短、样品预处理简单、上样量较大（可点成点状或条状）、仪器简单、操作方便等优点，特别适用于挥发性较小或在较高温度易发生变化而不能用气相色谱分析的物质。

薄层色谱操作方法如下。

① 薄层板制备：最常用的薄层板是玻璃板，大小可根据实际需要选择，要求光滑、平整，洗净后不附着水珠，晾干。最常用的吸附剂是硅胶，其次是硅藻土、氧化铝、微晶纤维素等，其颗粒直径一般为 10～40μm。吸附剂或载体在使用时有的需加入黏合剂，有的不需加黏合剂，也有的需加荧光剂制成荧光薄层。黏合剂常用 0.2%～0.5%羧甲基纤维素钠和 10%～15%煅石膏。薄层板制备时，吸附剂和水（或黏合剂）按比例混合，在研钵中向一个方向研磨去除表面的气泡后，倒入涂布器中，在玻璃板上平稳地移动涂布器进行涂布（厚度为 0.25～0.5mm），平放，自然晾干，105℃活化 1h，冷却后立即使用或置干燥箱中备用。有条件的实验室可使用商品预制板。

② 点样：点样器常采用微升毛细管或微量注射器。溶液宜分次点样，每次点加后用电吹风促其速干，再点下一次。点样基线距底边 1.0～1.5cm，样点直径一般不大于 3mm，点间距离可视斑点扩散情况以不影响检出为宜，点样量一般以数微升为宜。点样时勿损伤薄层表面。

③ 展开：可用适合薄层板大小的密闭玻璃缸作展开室。展开前薄板置于盛有展开剂的色谱缸内饱和 15min（薄板不能与展开剂接触）。常用上行法展开，将点好样品的薄板直立于盛有展开剂的缸中，展开剂浸没薄板下端的高度不超过 5mm，薄板上的原点不得浸入展开剂中。密封，待展开一定距离（一般为 10～20cm），取出薄板，在前沿处做标记，以便计算 R_f 值（原点至斑点中心的距离与原点至溶剂前沿的距离的比值）。晾干后显色。

④ 显色：有色物质在日光下观察，画出斑点位置；有荧光的物质在紫外灯下观察荧光斑点；有紫外吸收的物质可用荧光板色谱，在紫外灯下观察被测物质形成的暗斑（整个薄板呈现出荧光）；既无色又无紫外吸收的物质可在薄板上喷洒特定的显色剂，再置烘箱内烘干显色。

薄层色谱对斑点的定性鉴别主要依靠 R_f 值。定量常用洗脱法和薄层扫描法，前者是将色点部位的吸附剂刮下，用合适溶剂将化合物洗脱后测定；后者系指用一定波长、一定强度的光照射薄层上的色点，用仪器测量照射前后光束强度的变化，从而求得化合物含量。

(2) 离子交换柱色谱法

① 概述：离子交换柱色谱是以离子交换剂为固定相，依据流动相中的组分离子与交换剂上的平衡离子进行可逆交换时的结合力大小的差别而进行分离的一种色谱方法。目前离子交换柱色谱仍是生物化学领域中常用的一种色谱方法，广泛地应用于各种生化物质如氨基酸、蛋白质、糖类、核苷酸等的分离纯化（图 1-11）。

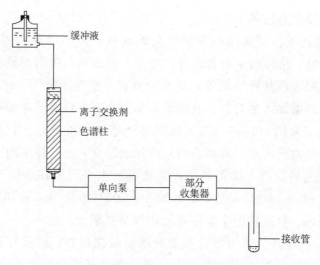

图 1-11 离子交换柱色谱示意图

② 离子交换剂的种类和基本原理：离子交换剂分为阳离子交换剂和阴离子交换剂。在一定条件下，溶液中的某种离子基团可以把平衡离子置换出来，并通过电荷基团结合到固定相上，而平衡离子则进入流动相。通过在不同条件下的多次置换，可以对溶液中不同的离子基团进行分离。

阳离子交换反应：

$$\text{Resin-SO}_3\text{H} + \text{Na}^+ \Longleftrightarrow \text{Resin-SO}_3\text{Na} + \text{H}^+$$

$$\text{Resin-SO}_3\text{Na} + \text{H}^+ \Longleftrightarrow \text{Resin-SO}_3\text{H} + \text{Na}^+$$

阴离子交换反应：

$$\text{Resin-N}(\text{CH}_3)_3\text{OH} + \text{Cl}^- \Longleftrightarrow \text{Resin-N}(\text{CH}_3)_3\text{Cl} + \text{OH}^-$$

$$\text{Resin-N}(\text{CH}_3)_3\text{Cl} + \text{OH}^- \Longleftrightarrow \text{Resin-N}(\text{CH}_3)_3\text{OH} + \text{Cl}^-$$

离子交换剂的电荷基团对不同的离子有不同的结合力。一般来讲，离子价数越高，结合力越大；价数相同时，原子序数越高，结合力越大。蛋白质等生物大分子通常呈两性，它们与离子交换剂的结合与它们的性质及 pH 有较大关系。以用阳离子交换剂分离蛋白质为例，在一定的 pH 条件下，等电点 pI＜pH 的蛋白质带负电，不能与阳离子交换剂结合；等电点 pI＞pH 的蛋白质带正电，能与阳离子交换剂结合，一般 pI 越大的蛋白质与离子交换剂结合力越强。但由于生物样品的复杂性以及其他因素影响，一般生物大分子与离子交换剂的结合情况较难估计，往往要通过实验进行摸索。

③ 离子交换剂的选择、处理和保存：强酸或强碱型离子交换剂适用的 pH 范围广，常用于分离一些小分子物质或在极端 pH 下的分离，如聚苯乙烯离子交换剂一般用于分离小分子物质如无机离子、氨基酸、核苷酸等。弱酸型或弱

碱型离子交换剂,如纤维素、葡聚糖、琼脂糖等不易使蛋白质失活,一般用于分离蛋白质等大分子物质。

离子交换剂使用前一般要进行处理。市售的阳离子交换剂通常为 Na 型(即平衡离子是 Na^+),阴离子交换剂通常为 Cl 型。处理时一般阳离子交换剂最后用碱处理,阴离子交换剂最后用酸处理,常用的酸是 HCl,碱是 NaOH 或再加一定的 NaCl。使用的酸碱浓度一般小于 0.5mol/L,浸泡时间一般为 30min。处理时应注意酸碱浓度不宜过高、处理时间不宜过长、温度不宜过高,以免离子交换剂被破坏。另外要注意的是离子交换剂使用前要排出气泡,否则会影响分离效果。

离子交换剂的再生是指对使用过的离子交换剂进行处理,使其恢复原来性状的过程。可采用酸碱交替浸泡的方法使离子交换剂再生。

离子交换剂保存时应首先将蛋白质等杂质处理洗净,并加入适当的防腐剂,一般加入 0.02% 的叠氮化钠,4℃保存。

④ 离子交换柱色谱的基本操作:装柱;平衡;加样;洗脱;收集、鉴定及保存;再生。

⑤ 离子交换柱色谱操作中应注意的问题:

a. 色谱柱准备:离子交换柱色谱要根据分离的样品量选择合适的色谱柱,离子交换用的色谱柱一般粗而短,不宜过长。直径和柱长比一般为(1∶10)~(1∶50)之间,色谱柱安装要垂直。装柱时要均匀平整,不能有气泡。

b. 平衡缓冲液:平衡缓冲液的离子强度和 pH 的选择首先要保证各个待分离物质如蛋白质的稳定,其次是要使各个待分离物质与离子交换剂有适当的结合,并尽量使待分离样品和杂质与离子交换剂的结合有较大的差别;另外,注意平衡缓冲液中不能有与离子交换剂结合力强的离子,否则会大大降低交换容量,影响分离效果。选择了合适的平衡缓冲液,便可直接去除大量的杂质,并使得后面的洗脱有很好的效果。如果平衡缓冲液选择不合适,可能会给后面的洗脱带来困难,且无法得到好的分离效果。

c. 上样:离子交换柱色谱上样时应注意样品液的离子强度和 pH,上样量也不宜过大,一般以柱床体积的 1%~5% 为宜,使样品能吸附在色谱柱的上层,从而得到较好的分离效果。

d. 洗脱缓冲液:离子交换柱色谱一般常用梯度洗脱。梯度洗脱可以有线性梯度、凹形梯度、凸形梯度以及分级梯度等洗脱方式。由于线性梯度洗脱分离效果较好,故通常采用线性梯度进行洗脱。线性梯度有离子强度梯度、pH 梯度等。改变离子强度通常是在洗脱过程中逐步增大离子强度,从而使与离子交换剂结合的各个组分被洗脱下来。而改变 pH,对于阳离子交换剂,一般是采用 pH 从低到高洗脱；对于阴离子交换剂，则一般是采用 pH 从高到低洗脱。由于 pH 可能对蛋白质的稳定性有较大的影响，故通常采用改变离子强度的梯度洗脱。

e. 洗脱速度：洗脱液的流速也会影响离子交换柱色谱的分离效果，洗脱速度通常要保持恒定。如果洗脱峰相对集中，某个区域会造成重叠，则应适当缩小梯度范围或降低洗脱速度来提高分辨率；如果分辨率较好，但洗脱峰过宽，则可适当提高洗脱速度。

f. 样品的浓缩、脱盐：离子交换柱色谱得到的样品往往盐浓度较高，而且体积较大，样品浓度较低。所以一般离子交换柱色谱得到的样品要进行浓缩、脱盐处理。

⑥ 离子交换柱色谱的应用：离子交换柱色谱的应用范围很广，可用于水处理、分离纯化小分子物质、分离纯化生物大分子物质等。

（3）凝胶过滤色谱法

凝胶过滤色谱法又称为分子排阻色谱、分子筛色谱（molecular sieve chromatography）。它所用的载体为一定孔径的多孔性亲水性凝胶。这种凝胶具有网状结构，其交联度或网孔大小决定了凝胶的分级范围。当把这种凝胶装入一根细的玻璃管中，使不同蛋白质的混合溶液从柱顶流下，由于网孔大小的影响，对不同大小的蛋白质分子将产生不同的排阻现象。比网孔大的蛋白质分子不能进入网孔内而被排阻在凝胶颗粒周围，先随着溶液往下流动；比网孔小的蛋白质分子可进入网孔内，造成在柱内保留时间长。由于不同的蛋白质分子大小不同，进入网孔的程度不同，流出的速度不同，较大的分子先被洗脱下来，而较小的分子后被洗脱下来，从而达到分离目的（图 1-12）。

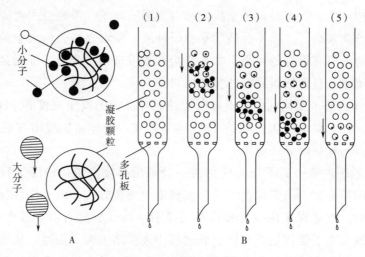

图 1-12　凝胶色谱原理

在一根凝胶柱中,颗粒间自由空间所含溶液的体积称为外水体积V_o,不能进入凝胶孔径的那些大分子,当洗脱体积为V_o时,出现洗脱峰。凝胶颗粒内部孔穴的总体积称为内水体积V_i,能全部进入凝胶的那些小分子,当洗脱体积为V_o+V_i时出现洗脱峰,介于其间的分子将在洗脱体积为V_o+V_e时,出现洗脱峰(图1-13)。

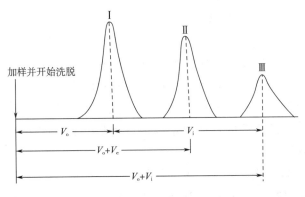

图1-13　凝胶色谱柱洗脱的示意图

① 凝胶的种类:用作凝胶的载体物质有交联葡聚糖、聚丙烯酰胺和琼脂糖。

a. 交联葡聚糖凝胶:交联葡聚糖商品名为Sephadex,它的原料是细菌分泌的链状葡聚糖,通过交联剂交联而成。交联剂添加越多,孔径越小,吸水量也就越小;反之越大。商品Sephadex以G值表示不同交联度,G值越大,孔径也越大,G后边的数字表示每克干胶膨胀时吸水量的10倍,G-25表示每克干胶可吸附2.5g水。

b. 聚丙烯酰胺凝胶:聚丙烯酰胺凝胶是丙烯酰胺和N,N'-亚甲基双丙烯酰胺聚合而成。这种凝胶的商品名为生物凝胶P(Bio-gel P)。其孔径大小也是随交联增多而减少,并用P值表示不同交联度,P值越大,孔径也越大。

c. 琼脂糖凝胶:琼脂糖是从海藻琼脂中分离除去琼脂胶后的中性成分。它是D-半乳糖和脱水L-半乳糖相间重复结合而成的链状化合物。琼脂糖的商品名为Sepharose或Bio-gel A。琼脂糖凝胶,其机械强度比葡聚糖凝胶和聚丙烯酰胺凝胶大得多,同时它对生物大分子等的吸附作用也小得多。另外,琼脂糖凝胶适用分子量的范围宽,最大可以到10^8,这一点是另外两种凝胶无法达到的。

d. Sephacryl凝胶:Sephacryl是由丙烯基葡聚糖和N,N'-亚甲基双丙烯酰胺共价交联而成的硬凝胶。其类型有Sephacryl-100,S-200,S-300,S-400

和 S-500 几种，它们都是超细颗粒。Sephacryl 在常用溶剂（除化学去垢剂外）中不溶解，稳定性很高。

e. Superdex 凝胶：Superdex 是最新的凝胶填料，它是将葡聚糖以共价方式结合到高交联的多孔琼脂糖珠体上形成的复合凝胶。琼脂糖的高交联骨架为珠体提供了较高的物理化学性质，葡聚糖为介质提供了优良的选择性。这类凝胶物理化学性质稳定，刚度强，适合于高流速，且分辨率高。

② 凝胶柱色谱的使用方法：

a. 凝胶的选择：

（a）粒子的大小与孔径选择：凝胶粒子必须分散均匀，能够较快地扩散以及有效地分离。高分子物质必须能够扩散到凝胶内才能起到分子筛的效应，不同型号的凝胶皆有各自的排阻极限。

（b）凝胶必须是惰性的：任何带电荷的凝胶，或对分离物质有亲和力者，都将干扰分离效果。

b. 色谱柱装置（图 1-14）：色谱柱的规格要根据分离样品的性质和目的来定。最常用的是内径为 2.5cm（2～4cm），长度为 100cm（40～100cm）的玻璃柱。

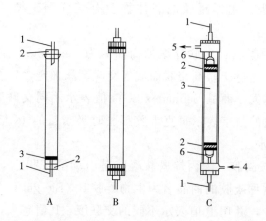

图 1-14 色谱柱
A. 自制简易色谱柱（1—洗脱液进出口，2—橡皮塞，3—尼龙网）；B. 普通商品柱；
C. 双底板色谱柱（1—洗脱液进出口，2—多孔底板，3—柱床，
4—恒温水进口，5—恒温水出口，6—可调节的塞子）

c. 凝胶的处理：为了获得合适的流速和良好的分离效果，凝胶粒子在使用前需经一定处理，主要是将凝胶的保存液更换到分离蛋白质的洗脱液中，对于 Sephadex 系列凝胶在使用前需充分地溶胀。

d. 装柱：取适当长度的色谱柱，底部铺上尼龙筛网或玻璃丝，以不漏粒子为准。

用缓冲液（如 PBS）浸泡凝胶粒子，使其饱和，置室温 1h 后上柱。气体在低温时易溶于溶液中，室温时易释放出来，也可用超声脱气将气泡赶走。分离时气泡的溢出将干扰分离效果，破坏柱内填料的结构，应予以避免，故样品不宜从冰箱中取出就立即上柱。

自顶端倾注凝胶悬浮液时，应沿直插到管底的玻璃棒缓缓流入，以免产生气泡与漏出粒子。为了防止分层，最好将凝胶悬液放于贮液瓶中，连续加入。

e. 柱填充的检查和 V_o 的测定：检查柱子填充是否正确的最好方法是用此柱分离某些有色物质。蓝色葡聚糖-2000 是常用的一种物质，它是一种高分子葡聚糖，含有蓝色发色基团，因此可在一次操作中检查柱子的填充状况并测定出滞留容量 V_o。方法为把 0.2% 的蓝色葡聚糖-2000 溶液（1/50～1/100 柱床体积）加到柱子上，洗脱液的离子强度应为 0.02mol/L 或更高。如果用蓝色葡聚糖进行实验后获得了一个不好的色谱带，那么就说明凝胶床没有填好。在这种情况下，必须重新装填柱子。

f. 加样：加样时，为了不扰乱凝胶表面，可在顶部放上一层圆形滤纸或尼龙网。样品要有一定的浓度和体积，通常为柱床体积的 1%～10%，浓度不宜超过 1%～4%。

g. 洗脱：洗脱剂多采用低离子强度的盐溶液。各种类型凝胶对流速要求不一。

h. 再生：样品洗脱完毕后，凝胶柱即已再生，一次装柱，可反复使用多次，因此操作简便，重复性高。

i. 保存：各型凝胶悬液加防腐剂或灭菌后，可置冰箱保存数月。防腐剂类型很多，最常用的有 0.02% 的叠氮化钠与 0.002% 的洗必泰等，也可用高压蒸汽 0.1 MPa 灭菌 30min。

（四）离心分离法

利用旋转运动的离心力以及物质的沉降系数或浮力密度的差别将悬浮液中的微粒从溶液中分离、浓缩和提纯的一种方法，称为离心分离法。

1. 原理

悬浮液静止不动时，由于重力场的作用，悬浮液中比液体重的微粒逐渐沉降，粒子越重下沉越快；反之，密度比液体小的微粒就向上浮。微粒在重力场中下沉或上浮的速度与颗粒的密度、大小和形状有关，而且还与重力场的强度、液体的黏度有关，另外微粒还有扩散运动。

红细胞等直径在数微米的颗粒可以利用重力来观察其沉降速度,如血沉。但对更小的微粒如病毒、蛋白质分子等则不能利用重力来观察它们的沉降速度,因为其颗粒越小,沉降速度越慢,而且扩散现象也越严重,所以需加大重力场,即利用离心的方法产生离心力来克服扩散现象。

(1) 离心力

当离心机转子以一定的角速度 ω 旋转,颗粒的旋转半径为 r 时,任何颗粒均受到一个向外的离心力,即:

$$F = \omega^2 r$$

式中,ω 为角速度,以 rad/s 表示;r 为旋转半径,指离心管的中心线到旋转轴中心的距离,以 cm 表示。

离心力 F 通常以地心引力的倍数表示,称为相对离心力(RCF)。RCF 是指离心场中作用于颗粒的离心力相当于地心引力的倍数,单位是重力加速度 g($980 cm/s^2$),即:

$$RCF = \frac{\omega^2 r}{g}$$

由于 $\omega = \frac{2\pi n}{60}$,代入上式得:

$$RCF = \frac{4\pi^2 (n)^2 r}{3600 g}$$

式中的 π 取 3.14,n 为离心机每分钟转数(r/min),由上式可以看出相对离心力与转速平方和旋转半径的乘积成正比。

(2) 沉降速度

沉降速度 v 是指在离心力作用下,单位时间内颗粒沉降的距离。一个球形颗粒的沉降速度不仅取决于离心力的大小,也取决于颗粒的密度和半径以及悬浮介质的黏度。

$$v = \frac{d^2}{18}\left(\frac{\sigma - \rho}{\eta}\right)\omega^2 r$$

式中,d 为颗粒直径;σ 为颗粒密度;ρ 为介质密度;η 为溶液的黏度。

(3) 沉降系数

沉降系数是指单位离心力作用下颗粒的沉降速度,用 S 表示

$$S = \frac{v}{\omega^2 r} = \frac{d^2}{18}\left(\frac{\sigma - \rho}{\eta}\right)$$

从上式可以看出:在离心场中如果颗粒的密度大于介质的密度($\sigma > \rho$),则 $S > 0$,颗粒发生沉降;$\sigma = \rho$ 时,$S = 0$,颗粒沉降到某一位置达到平衡;$\sigma < \rho$ 时,$S < 0$,颗粒发生漂浮。

由于沉降系数与颗粒的分子大小成正比，故常用 S 来描述生物大分子的分子大小。

2. 分类

根据离心机转速的不同，可将其分为低速离心机（转速<10000r/min）、高速离心机（转速<30000r/min）和超速离心机（转速>30000r/min）。根据离心机的用途不同，可将其分为分析离心机和制备离心机。

3. 注意事项

生化实验中常用的是普通离心机（1000～4000r/min），用于分离血清、沉淀蛋白质等。使用方法及注意事项如下：

① 使用前在无负荷的情况下开动离心机（3000r/min），检查离心机转动是否平稳，检查套管内是否有橡皮软垫。

② 检查合格后，将盛有离心液的离心管放入离心套管内，位置要对称，质量要用天平平衡，如不平衡，可在离心管和套管的间隙内加水来调节质量使之达到平衡。

③ 离心管中的液体不能装太满（占2/3，以免溢出）。

④ 离心完毕，待其自动停稳后，方可打开盖子取出离心管，切勿用手助停。

⑤ 离心过程中如发现声音不正常、机身不稳，应立即切断电源，待检查排除故障后方能使用。

第二章 糖 类

实验 1
糖的呈色反应和还原糖的检验

【实验目的】

① 学习鉴定糖类及区分酮糖和醛糖的方法。
② 了解鉴定还原糖的方法及其原理。

【实验原理】

1. 糖的呈色反应

糖经浓无机酸处理，脱水产生糠醛或糠醛衍生物。戊糖形成糠醛，己糖则形成羟甲基糠醛。

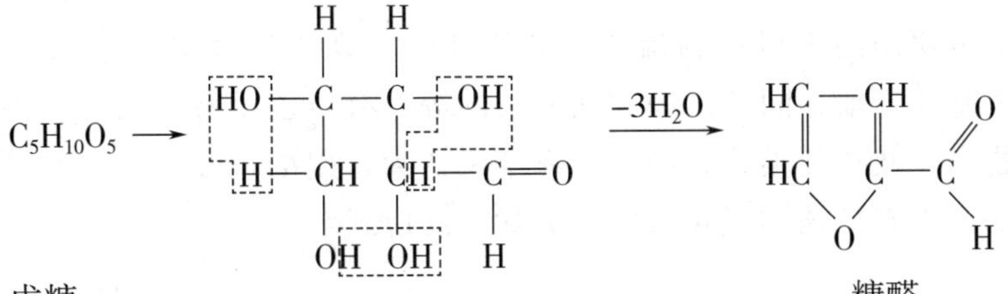

$C_5H_{10}O_5 \rightarrow$ 戊糖 $\xrightarrow{-3H_2O}$ 糠醛

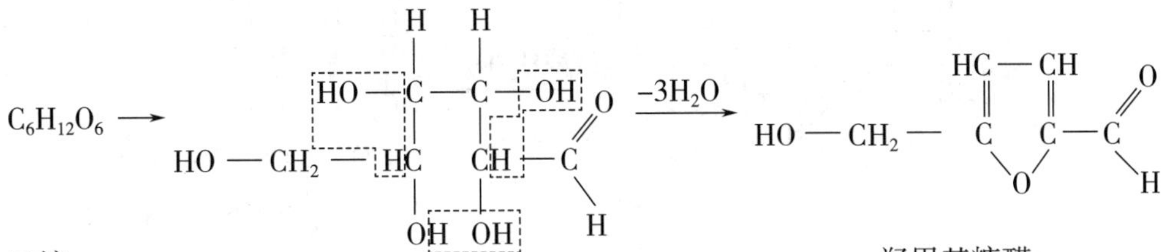

$C_6H_{12}O_6 \rightarrow$ 己糖 $\xrightarrow{-3H_2O}$ 羟甲基糠醛

这些糠醛和糠醛衍生物在浓无机酸作用下，能与酚类化合物缩合生成有色物质如：与一元酚如 α-萘酚作用，形成三芳香环甲基有色物质；与多元酚如间苯二酚作用，则形成氧杂蒽有色物质，反应式如下：

羟甲基糠醛

通常使用的无机酸为硫酸，如用盐酸，则必须加热。常用的酚类为 α-萘酚、甲基苯二酚、间苯二酚和间苯三酚等，有时也用芳香胺、胆酸、某些吲哚衍生物和一些嘧啶类化合物等。有学者认为，用浓硫酸作为脱水剂时，形成有颜色的产物与酚核的磺化有关，见如下反应式：

$$\xrightarrow{\text{浓} H_2SO_4}$$ [结构式：α-萘酚与糠醛衍生物缩合产物]

(1) α-萘酚反应（Molisch 反应）

该实验是鉴定糖类最常用的颜色反应。糖在浓酸作用下形成的糠醛及其衍生物与 α-萘酚作用，形成红紫色复合物。在糖溶液与浓硫酸两液面间出现紫环，因此又称紫环反应。自由存在和结合存在的糖均呈阳性反应。此外，各种糠醛衍生物、葡萄糖醛酸、丙酮、甲酸、乳酸等皆呈颜色近似的阳性反应。因此，阴性反应证明没有糖类物质的存在；而阳性反应，则说明有糖存在的可能性，需要进一步通过其他糖的定性试验才能确定有糖的存在。

(2) 蒽酮反应

糖经浓酸水解，脱水生成的糠醛及其衍生物与蒽酮（10-酮-9，10-二氢蒽）反应生成蓝-绿色复合物。

(3) 间苯二酚反应（Seliwanoff 反应）

该反应是鉴定酮糖的特殊反应。在酸作用下，己酮糖脱水生成羟甲基糠醛，后者与间苯二酚结合生成鲜红色的化合物，反应迅速，仅需 20～30s。在同样条件下，醛糖形成羟甲基糠醛较慢，只有糖浓度较高时或经过较长时间的煮沸，才出现微弱的阳性反应。蔗糖被盐酸水解生成的果糖也能出现阳性反应。

(4) 甲基间苯二酚反应（Bial 反应）

戊糖与浓盐酸加热形成糠醛，在有 Fe^{3+} 存在下，它与甲基间苯二酚（3,5-二羟基甲苯、地衣酚）缩合，形成深蓝色的沉淀物，此沉淀物溶于正丁醇。己糖也能发生反应，但产生灰绿色甚至棕色的沉淀物。

2. **还原糖的鉴定**

含有自由醛基（$-\overset{O}{\underset{}{C}}-H$）或酮基（$-\overset{O}{\underset{}{C}}-$）的单糖和二糖为还原糖。在碱性溶液中，还原糖能将金属离子（铜、铋、汞、银等）还原，糖本身被氧化成酸类化合物，此性质常用于检验糖的还原性，并且常成为测定还原糖含量的各种方法的依据。

(1) 斐林反应

斐林（Fehling）试剂是含有硫酸铜与酒石酸钾钠的氢氧化钠溶液。硫酸铜与碱溶液混合加热,则生成黑色的氧化铜沉淀,若同时有还原糖存在,则产生黄色或砖红色的氧化亚铜沉淀。上述反应可用下列方程式表示:

$$\begin{matrix} \text{CHO} \\ | \\ \text{(CHOH)}_4 \\ | \\ \text{CH}_2\text{OH} \end{matrix} + 2\text{Cu(OH)}_2 + \text{NaOH} \longrightarrow \begin{matrix} \text{COONa} \\ | \\ \text{(CHOH)}_4 \\ | \\ \text{CH}_2\text{OH} \end{matrix} + 2\text{CuOH} + 2\text{H}_2\text{O}$$

葡萄糖　　　　　　　　　　　葡萄糖酸钠

$$2\text{CuOH} \longrightarrow \text{Cu}_2\text{O} \downarrow + \text{H}_2\text{O}$$

不稳定　　氧化亚铜
（黄色或砖红色）

在碱性条件下,糖不仅发生烯醇化、异构化等作用,也能发生糖分子的分解、氧化、还原或多聚作用等。由这些作用所形成的复杂混合物具有强烈的还原作用,因此想要用简单的氧化还原作用来写出反应平衡式是不可能的。

为了防止铜离子和碱反应生成氢氧化铜或碱性碳酸铜沉淀,斐林试剂中含有酒石酸钾钠,它与 Cu^{2+} 形成的酒石酸钾钠络合铜离子是可溶性的,该反应是可逆的,平衡后溶液内氢氧化铜保持一定的浓度。斐林试剂是一种弱的氧化剂,它不与酮和芳香醛发生反应。

$$\text{CuSO}_4 + 2\text{NaOH} \longrightarrow \text{Cu(OH)}_2 + \text{Na}_2\text{SO}_4$$

$$\text{Cu(OH)}_2 + \begin{matrix} \text{COONa} \\ | \\ \text{HC}-\text{OH} \\ | \\ \text{HC}-\text{OH} \\ | \\ \text{COOK} \end{matrix} \rightleftharpoons \begin{matrix} \text{HC}-\text{C}-\text{O}-\text{Na} \\ \text{O} \quad \text{O} \\ \text{Cu} \\ \text{O} \quad \text{O} \\ \text{HC}-\text{C}-\text{O}-\text{K} \end{matrix} + 2\text{H}_2\text{O}$$

酒石酸钾钠络合铜离子

（2）本尼迪克特（Benedict）反应

本尼迪克特试剂是斐林试剂的改良。它利用柠檬酸作为 Cu^{2+} 的络合剂,其碱性比斐林试剂弱,灵敏度高,干扰因素少,因而在实际应用中有更多的优点。

（3）Barfoed 反应

该反应的特点是在酸性条件下进行还原作用。在酸性溶液中,单糖和还原二糖的还原速度有明显差异。单糖在3min内就能还原Cu^{2+}而还原二糖则需20min，所以，该反应可用于区别单糖和还原二糖。当加热时间过长，非还原性二糖被水解也能呈现阳性反应，如蔗糖在10min内水解而发生反应。还原二糖浓度过高时，也会很快呈现阳性反应，若样品中含有少量氯化钠也会干扰此反应。

【试剂与器材】

1. 试剂

（1）Molisch试剂

称取α-萘酚2g，溶于95％乙醇中并定容到100mL。注意临用前配制，贮于棕色瓶中。

（2）蒽酮试剂

溶解0.2g蒽酮于100mL浓硫酸（分析纯，相对密度1.84，含量95％）中，当日配制使用。

（3）斐林试剂

试剂A：将34.5g硫酸铜（$CuSO_4 \cdot 5H_2O$）溶于500mL蒸馏水中。

试剂B：将125g氢氧化钠和137g酒石酸钾钠溶于500mL蒸馏水中，储于带橡皮塞的瓶中。临用时，将试剂A和B等量混合。

（4）本尼迪克特试剂

溶解85g柠檬酸钠及50g无水碳酸钠于400mL水中，另溶8.5g硫酸铜于50mL热水中。将硫酸铜溶液缓缓倾入柠檬酸钠-碳酸钠溶液中，边加边搅，如有沉淀，可过滤。本试剂可长期使用，如放置过久，出现沉淀，可取用其上清液。

（5）Bial试剂

溶解1.5g地衣酚于500mL浓盐酸并加20～30滴10％三氯化铁溶液。

（6）Seliwanoff试剂

溶解50mg间苯二酚于100mL盐酸[V（HCl）：V（水）＝1：2]中，临用前配制。

盐酸浓度不宜超过12％，否则，它将导致糖形成糠醛或其衍生物。

（7）浓硫酸

（8）测试糖液：分别配制阿拉伯糖、葡萄糖、果糖、麦芽糖和蔗糖5种糖的2％溶液，1％淀粉溶液和2种未知糖液。

2. 器材

试管、试管架、煤气灯和水浴锅等。

【实验步骤】

1. 糖的呈色反应

(1) Molisch 反应

取 8 支已标号的试管，分别加入各种测试糖液 1mL（约 15 滴），再各加入 Molisch 试剂 2 滴，摇匀。逐一将试管倾斜，分别沿管壁慢慢加入浓硫酸 1mL，然后，小心竖直试管，使糖液和硫酸清楚地分为两层，观察交界处颜色变化。如几分钟内无呈色反应，可在热水浴中温热几分钟。记录各管出现的颜色，说明原因，鉴定未知糖液。

(2) 蒽酮反应

取 8 支标号的试管，分别加入 1mL 蒽酮溶液，再将测试糖液分别滴加到各试管内，混匀，观察颜色变化，鉴定未知糖液。

(3) Seliwanoff 反应

取试管 8 支，编号，然后各加入 Seliwanoff 试剂 1mL。再依次分别加入测试糖液 4 滴，混匀，同时放入沸水浴中，比较各管颜色变化及出现颜色的先后顺序，分析说明原因。注意蔗糖的反应。

(4) Bial 反应

将 2 滴测试糖液加到装有 1mL Bial 试剂的试管中，沸水浴中加热，观察颜色变化。如遇到未知糖呈色不明显，可以用 3 倍体积水稀释，并加入 1mL 戊醇，摇动，醇液呈蓝色，即为阳性反应。

2. 还原糖的鉴定

(1) 斐林反应

取 8 支试管，各加斐林试剂 A 和 B 各 1mL。摇匀后，分别加入测试糖液 4 滴，沸水浴煮 2~3min，取出冷却，观察沉淀和颜色的变化。

(2) 本尼迪克特反应

于 8 支试管中先各加入本尼迪克特试剂 2mL，再分别加入测试糖各 4 滴，沸水浴中煮 2~3min，冷却后，观察颜色变化。

(3) Barfoed 反应

分别加测试糖液 2~3 滴到含有 1mL Barfoed 试剂的试管中，煮沸约 3min，放置 20min 以上，比较各管颜色变化及红色出现的先后顺序。

【注意事项】

① Molisch 反应非常灵敏，0.001% 葡萄糖和 0.0001% 蔗糖即能呈现阳性反应。因此，不可使碎纸屑或滤纸毛混入样品中。过浓的果糖溶液，由于硫酸

对它的焦化作用，将呈现红色及褐色而不呈紫色，需稀释糖溶液后重做。

② 果糖在 Seliwanoff 试剂中反应十分迅速，呈鲜红色，而葡萄糖所需时间长，且只能产生黄色至淡红色。戊糖亦与 Seliwanoff 试剂反应，戊糖经酸脱水生成糠醛，与间苯二酚缩合，生成绿色到蓝色的产物。

③ 酮基本身并没有还原性，只有在变为烯醇式后，才显示还原作用。

④ 糖的还原作用生成氧化亚铜沉淀的颜色决定于颗粒的大小，Cu_2O 颗粒的大小又决定于反应速度。反应速度快时，生成的 Cu_2O 颗粒较小，呈黄绿色；反应慢时，生成的 Cu_2O 颗粒较大，呈红色。有保护胶体存在时，常生成黄色沉淀。实际生成的沉淀含有大小不同的 Cu_2O 颗粒，因而每次观察到的颜色可能略有不同。溶液中还原糖的浓度可以从生成沉淀的多少来估计，而不能依据沉淀的颜色来区别。

⑤ Barfoed 反应产生的 Cu_2O 沉淀聚集在试管底部，溶液仍为深蓝色。应注意观察试管底部红色的出现，它与一般还原性实验不相同，观察不到反应液由蓝色变绿、变黄或变红的过程。

【思考题】

① 列表总结和比较本实验 7 种颜色反应的原理及其应用。

② 应用 Molisch 反应和 Seliwanoff 反应分析未知样品时，应注意些什么问题？

③ 举例说明哪些糖属于还原糖。

④ 运用本实验的方法，设计一个鉴定未知糖的方案。

⑤ 牛乳中含有 5% 双糖，如何证明牛乳中有双糖存在？这种双糖是什么糖？请选用一些颜色反应来加以鉴定。

实验 2
还原糖和总糖的测定（3,5-二硝基水杨酸比色法）

【实验目的】

① 掌握还原糖和总糖测定的基本原理。
② 学习比色法测定还原糖的操作方法。
③ 学习分光光度法测定的原理和方法。

【实验原理】

还原糖的测定是糖定量测定的基本方法。还原糖是指含有自由醛基或酮基的糖类，单糖都是还原糖，双糖和多糖不一定是还原糖，其中乳糖和麦芽糖是还原糖，蔗糖和淀粉是非还原糖。利用糖的溶解度不同，可将植物样品中的单糖、双糖和多糖分别提取出来，对没有还原性的双糖和多糖，可用酸水解法使其降解成有还原性的单糖进行测定，再分别求出样品中还原糖和总糖的含量（还原糖以葡萄糖含量计）。在碱性条件下，3,5-二硝基水杨酸（DNS）与还原糖加热被氧化成糖酸及其他产物，3,5-二硝基水杨酸则被还原为棕红色的 3-氨基-5-硝基水杨酸。在一定范围内，还原糖的量与棕红色物质颜色的深浅成正比关系，利用分光光度计，在 540nm 波长下测定光密度值，查对标准曲线并计算，便可求出样品中还原糖和总糖的含量。因为多糖水解为单糖时，每断裂一个糖苷键需加入一分子水，所以在计算多糖含量时应乘以 0.9。

$$\text{HOOC} \underset{NO_2}{\overset{OH\ NO_2}{\diagup}} + \text{还原糖} \longrightarrow \text{HOOC} \underset{NO_2}{\overset{OH\ NH_2}{\diagup}}$$

（DNS）　　　　　　　　　（3-氨基-5-硝基水杨酸）

【试剂与器材】

1. 试剂

（1）1mg/mL 葡萄糖标准液

准确称取 80℃烘至恒重的分析纯葡萄糖 100mg，置于小烧杯中，加少量蒸馏水溶解后，转移到100mL容量瓶中，用蒸馏水定容至100mL，混匀，4℃冰箱中保存备用。

（2）3,5-二硝基水杨酸（DNS）试剂

将6.3g DNS和262mL 2mol/L NaOH溶液加到500mL含有185g酒石酸钾钠的热水溶液中，再加5g结晶酚和5g亚硫酸钠，搅拌溶解，冷却后加蒸馏水定容至1000mL，贮于棕色瓶中备用。

（3）碘-碘化钾溶液

称取5g碘和10g碘化钾，溶于100mL蒸馏水中。

（4）酚酞指示剂

称取0.1g酚酞，溶于250mL 70％乙醇中。

（5）HCl和NaOH溶液

6mol/L HCl和6mol/L NaOH各100mL。

2. 器材

具塞玻璃刻度试管、大离心管、烧杯、三角瓶、容量瓶、刻度吸管、恒温水浴锅、离心机、分光光度计、精密pH试纸、小麦面粉。

【实验步骤】

1. 制作葡萄糖标准曲线

取7支20mL具塞刻度试管编号，按表2-1分别加入浓度为1mg/mL的葡萄糖标准液、蒸馏水和3,5-二硝基水杨酸（DNS）试剂，配成不同葡萄糖含量的反应液。

表2-1 葡萄糖标准曲线制作

管号	1mg/mL 葡萄糖标准液/mL	蒸馏水/mL	DNS/mL	葡萄糖含量/mg	光密度值（OD$_{540}$）
0	0	2	1.5	0	
1	0.2	1.8	1.5	0.2	
2	0.4	1.6	1.5	0.4	
3	0.6	1.4	1.5	0.6	
4	0.8	1.2	1.5	0.8	
5	1.0	1.0	1.5	1.0	
6	1.2	0.8	1.5	1.2	

将各管摇匀，在沸水浴中准确加热5min，取出，冷却至室温，用蒸馏水

定容至20mL，加塞后颠倒混匀，在分光光度计上进行比色。调波长540nm，用0号管调零点，测出1~6号管的光密度值。以光密度值为纵坐标，葡萄糖含量（mg）为横坐标，在坐标纸上绘出标准曲线。

2. 样品中还原糖和总糖的测定

（1）还原糖的提取

准确称取3.00g食用面粉，放入100mL烧杯中，先用少量蒸馏水调成糊状，然后加入50mL蒸馏水，搅匀，置于50℃恒温水浴中保温20min，使还原糖浸出。将浸出液（含沉淀）转移到50mL离心管中，于4000r/min下离心5min，沉淀可用20mL蒸馏水洗一次，再离心，将二次离心的上清液收集在100mL容量瓶中，用蒸馏水定容至刻度，混匀，作为还原糖待测液。

（2）总糖的水解和提取

准确称取1.00g食用面粉，放入100mL三角瓶中，加15mL蒸馏水及10mL 6mol/L HCl，置沸水浴中加热水解30min（水解是否完全可用碘-碘化钾溶液检查）。待三角瓶中的水解液冷却后，加入1滴酚酞指示剂，用6mol/L NaOH中和至微红色，用蒸馏水定容在100mL容量瓶中，混匀。将定容后的水解液过滤，取滤液10mL移入另一100mL容量瓶中定容，混匀，作为总糖待测液。

（3）显色和比色

取4支20mL具塞刻度试管，编号，按表2-2所示分别加入待测液和显色剂，空白调零可使用制作标准曲线的0号管。加热、定容和比色等其余操作与制作标准曲线相同。

表2-2 样品还原糖测定

管号	还原糖待测液/mL	总糖待测液/mL	蒸馏水/mL	DNS/mL	光密度值（OD_{540}）	查曲线葡萄糖量/mg
7	0.5		1.5	1.5		
8	0.5		1.5	1.5		
9		1	1	1.5		
10		1	1	1.5		

【结果与计算】

计算出7、8号管光密度值的平均值和9、10号管光密度值的平均值，在标准曲线上分别查出相应的还原糖质量（mg），按下式计算出样品中还原糖和总糖的含量（%）。

$$\text{还原糖含量} = \frac{\text{查曲线所得葡萄糖质量（mg）}}{\text{样品质量（mg）}} \times \frac{\text{提取液总体积}}{\text{测定时取用体积}} \times 100\%$$

$$\text{总糖含量} = \frac{\text{查曲线所得水解后还原糖质量（mg）} \times \text{稀释倍数}}{\text{样品质量（mg）}} \times 0.9 \times 100\%$$

【注意事项】

① 标准曲线制作与样品测定时，应同时进行显色，并使用同一空白对照调零和比色。

② 实验分两次进行，每次都要重新测定并绘制标准曲线。

【思考题】

① 本实验中盐酸、氢氧化钠和碘-碘化钾溶液的作用是什么？

② 比色时为什么要设计空白管？

③ 比色测定的基本原理是什么？操作步骤有哪些？

实验 3
粗纤维的测定

【实验目的】

学习和掌握粗纤维的定量测定方法。

【实验原理】

粗纤维是指不能被稀酸、稀碱所溶解，不能被人体或家畜所消化利用的天然有机物质，其主要成分为纤维素、残存的半纤维素和木质素。本法是在热的稀酸处理下，样品中的淀粉、果胶质和部分纤维素被水解除去后，再用热的氢氧化钠处理，溶解除去蛋白质、部分半纤维素和部分木质素，并使脂肪皂化而去除，然后用乙醇或乙醚处理除去单宁、色素、残余脂肪、蜡、部分蛋白质和戊糖，所得的残渣扣除灰分（金属氧化物）即为粗纤维。

【试剂与器材】

1. 试剂

1.25％硫酸、1.25％氢氧化钠、正辛醇、95％乙醇。

2. 器材

干燥箱、粗纤维测定仪（图 2-1）、植物茎秆。

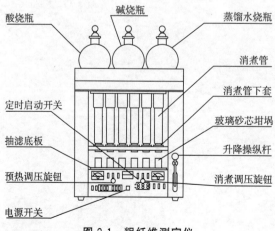

图 2-1 粗纤维测定仪

【实验步骤】

① 将仪器放置于工作台上，工作台就近应有水池和水嘴。将三个烧瓶放置于仪器顶部的电加热板上，并将顶部小孔中伸出的写明酸、碱、蒸馏水的橡胶管套在相应的烧瓶底部的水嘴上。三个烧瓶的位置从左至右相应为酸、碱、蒸馏水。然后将进出水嘴（位于机箱左下侧）分别套上橡胶管，5个水嘴：靠前的两个为进水嘴，靠后的上面两个为出水嘴，靠后的下面一个为抽滤出水嘴，应用橡胶管引入水池。

② 将样品用粉碎机粉碎，全部通过18目筛后，放入密闭容器。

③ 样品中若脂肪含量大于10%，则必须脱脂，脂肪含量若小于10%可不脱脂。

④ 将坩埚用蒸馏水洗净，使其不带任何杂质，并将其置于恒温箱内（温度在100℃左右）烘30min左右然后移入干燥器内冷却至室温，并将其编号，再置于干燥器内备用。

⑤ 将电源线一头插入仪器右下侧的电源插座中，另一头插入交流220V的电源插座中，实验室的电源插座必须用三脚插座，且必须可靠地接地。

⑥ 在仪器顶部的酸、碱、蒸馏水烧瓶中分别加入已配制好的酸、碱、蒸馏水，应基本加满，盖上瓶盖。

⑦ 在坩埚内放入1~2g试样，并将装好试样的坩埚分别放入6个抽滤座中，注意应放置于抽滤座中央的硅橡胶圈上，并使其与上面的消煮管下套中的硅橡胶口对齐，不要将坩埚放偏或放斜，否则将会漏液，当6个坩埚均放置准确后稍压下操纵杆柄并锁紧。

⑧ 打开进水开关，将面板上预热调压旋钮和消煮调压旋钮逆时针旋到底，打开电源开关，调整定时器的设定时间为30min，以后使用时可不必调节。

⑨ 开启酸、碱、蒸馏水预热开关，调节预热调压旋钮，将其调到顺时针最大，这时左边电压表显示电压为220V左右。

⑩ 等酸、碱、蒸馏水沸腾时，将预热电压调小至酸、碱、蒸馏水微沸。

⑪ 打开加酸开关，分别按1~6号加液按钮，在消煮管中加入已沸的酸液200mL约到消煮管中间刻度线，再在每个消煮管内加2mL正辛醇。关闭酸预热开关，开启消煮加热开关将消煮调压旋钮调至最大，此时右边电压表显示约220V，待消煮管内酸液再次沸腾后再将电压调至150~170V，使酸液保持微沸，向上打开消煮定时开关，保持酸微沸30min。

⑫ 将消煮加热开关关闭，将消煮定时开关向下关闭，将消煮调压旋钮逆时针旋到底，打开1~6号抽滤开关，打开抽滤泵开关，将酸液抽掉。抽完酸

液后，先关闭抽滤泵开关，再关闭抽滤开关。打开蒸馏水开关，再按下 1～6 号加液按钮，在消煮管中加入蒸馏水后再抽干，连续 2～3 次，直至用试纸测试显中性后关闭加蒸馏水开关。在抽滤过程中若发现坩埚堵塞时，可关闭抽滤泵，开启反冲泵用气流反冲，直至出现气泡后关闭反冲泵，打开抽滤泵继续抽滤。洗涤完毕后关闭所有抽滤开关及泵开关。

⑬ 打开加碱开关，分别在消煮管中加入微沸的碱溶液 200mL 后关闭加碱开关，再在每个消煮管中加入 2 滴正辛醇后重复第⑪步后半部分和第⑫步的操作，进行碱消煮、抽滤和洗涤。

⑭ 以上工作完成以后，用吸管分别在消煮管上口加入 25mL 左右 95％乙醇，浸泡十几秒钟后抽干。

⑮ 将操纵杆手柄稍用力下压后拉出定位装置，使升降架缓慢上升复位，戴上手套后将坩埚取出，移入恒温箱，在 130℃下烘干 2h，取出后在干燥器中冷却至室温，称重后得到试样质量 m_1。

⑯ 将称重后的坩埚再放入 500℃的高温炉内灼烧 1h，取出后置于干燥器中冷却至室温后称重后得到 m_2。

测定结果按下式计算：

$$粗纤维含量 = \frac{m_1 - m_2}{m} \times 100\%$$

式中　m_1——100℃烘干后坩埚及试样残渣质量；
　　　m_2——500℃灼烧后坩埚及试样残渣质量。

【注意事项】

① 样品粒度的大小将影响分析结果，通常将样品研磨成粒度为 $1mm^3$ 左右为宜。

② 样品脂肪含量大于 10％，应先脱脂，脱脂不足，则分析结果偏高。

【思考题】

① 在本测定中哪些因素是影响测定结果的主要因素？
② 在测定中为什么必须严格控制实验条件？
③ 用本方法测定的结果为什么称为"粗纤维"？

实验 4
多糖的提纯与鉴定

【实验目的】

① 学习多糖分离的一般原理和方法。
② 掌握红外光谱法鉴定多糖的原理和方法。

【实验原理】

多糖是一类由多个单糖分子缩合失水而形成的一类天然大分子化合物。近年来，随着分子生物学和细胞生物学的发展，多糖及其缀合物作为支持组织和能量来源的传统观念早已被突破，而被认为是生物体内除核酸、蛋白质以外的又一类重要的信息分子，因此，具有生物活性的活性多糖的研究日益受到重视。它可以调节免疫功能，促进蛋白质和核酸的生物合成，调节细胞的生长，提高生物体的免疫力，具有抗肿瘤、抗癌和抗艾滋病（AIDS）等功效。茶叶多糖（以下简称 TPS）是从茶叶中提取出来的、与蛋白质结合在一起的酸性多糖或酸性糖蛋白。研究表明，茶叶多糖具有抗血栓、防癌、降血糖、降血脂、降血压、减慢心率、增强机体免疫功能等多种生物活性。

多糖组分主要存在于其形成的小纤维网状结构交织的基质中，一般具有溶于水而不溶于醇等有机溶剂的特点，因此通常采用热水浸提后用酒精沉淀的方法对多糖进行提取。影响多糖提取率的因素很多，如：浸提温度、时间、加水量以及脱除杂质的方法等都会影响多糖的得率。常用的去除多糖中蛋白质的方法有：Sevage 法、三氟三氯乙烷法、三氯乙酸法。这些方法的原理是使多糖不沉淀而使蛋白质沉淀，其中 Sevage 方法脱蛋白效果较好，它是用氯仿：戊醇（或丁醇）以 4∶1 体积比比例混合，加到样品中振摇，使样品中的蛋白质变性成不溶状态，用离心法除去。本实验采用 Sevage 法（氯仿：正丁醇＝4∶1 混合摇匀）进行脱蛋白。

多糖的分析鉴定一般借助于气相色谱（GC）、高效液相色谱（HPLC）、红外光谱（IR）和紫外光谱（UV）等技术，目前气相（液相）色谱-质谱（GC/HPLC-MS）联用技术已成为分析多糖更为有效的一种手段。红外吸收光谱图中的吸收峰的数目及所对应的波数是由吸光物质分子结构所决定的，是分子结构的特性反映。因此，可根据吸收光谱图的特征吸收峰，对吸光物质进行定性分析和结构分析。红外光谱分析试样的制备技术又直接影响到谱带的波数、数目和强度。物质的聚集状态不同（气、液、固三种状态），其吸收谱图也有所差异，测定时应加以注意。本实验利用红外光谱对多糖进行鉴定，多糖类物质的官能团在红外谱图上表现为相应的特征吸收峰，可以根据其特征吸收来鉴定糖类物质。O—H 的吸收峰在 $3650 \sim 3590 cm^{-1}$，C—H 的伸缩振动吸收峰在 $2962 \sim 2853 cm^{-1}$，C═O 的振动峰为 $1510 \sim 1670 cm^{-1}$ 之间的吸收峰，C—H 的弯曲振动吸收峰在 $1485 \sim 1445 cm^{-1}$，吡喃环结构的 C—O 的吸收峰在 $1090 cm^{-1}$。

【试剂与器材】

1. 试剂

蒸馏水、无水乙醇、纤维素酶、中性蛋白酶、Sevage 试剂、双氧水、氨水、丙酮、乙醚、KBr。

2. 器材

研钵（捣碎机）、200 目筛、微波炉、台式离心机、恒温水浴锅、冰箱、电磁炉、紫外光谱仪、智能型红外光谱仪、粗茶叶。

【实验步骤】

1. 茶多糖的提取与纯化

① 取茶叶适量进行研磨，过 200 目筛，得茶粉。

② 称取茶粉 2g 于 250mL 烧杯，加蒸馏水 20mL，保鲜膜覆盖后置 90℃水浴 1h，转移至 50mL 离心管，3000r/min 离心 10min。

③ 小心转移上清液至量筒，量取上清液体积，加无水乙醇至乙醇终浓度为 75%（即 3 倍体积的无水乙醇），置 250mL 离心管以 4000r/min 离心 20min。

④ 弃上清液，沉淀转入 50mL 离心管中，加入 10mL 蒸馏水溶解（总体积约 11~12mL）；按 1∶1 加入 Sevage 试剂除蛋白质（总体积约 25mL），剧烈手动振摇 2min，放气，3000r/min 离心 10min。上层清液用一次性滴管小心吸取转移至 100mL 三角瓶，弃下层有机相和中间蛋白层。（可以重复加入 Sevage 试剂除蛋白质直至无蛋白质。）

⑤ 上层清液用氨水调 pH 8.0 后置于 80℃，加入等体积 H_2O_2，保鲜膜覆盖，约半小时后溶液褪色至浅黄色。加 3 倍体积的无水乙醇，置于 250mL 离心管，4000r/min 离心 20min。

⑥ 弃上清液，无色沉淀转移至 5mL 离心管，分别依次用适量无水乙醇、

丙酮、乙醚采用离心法洗涤沉淀，最后转移沉淀至培养皿内，用冰箱保鲜层吸潮干燥，然后置于干燥箱烘干。

2. 茶多糖红外光谱测定

取100mg烘干的KBr粉末置于玛瑙研钵中，加入1~2mg烘干的茶多糖样品磨细混匀，在红外干燥灯下烘10min后，取约80mg均匀填入模具中，置手压机中加压，当压力达到58.84MPa时保压约1min，按手压机使用方法取出压好的直径为13mm、厚度为0.1~0.2mm的透明薄片，置于夹持器中。将夹持器放入预热好的仪器的试样吸收池位置，当起始透光率大于50%即可进行测量，400~4000cm^{-1}范围内进行红外光谱扫描。反之则应重新压片。

3. 茶多糖紫外光谱测定

取提取的茶多糖干粉配制成100μg/mL浓度的水溶液进行190~600nm范围紫外扫描，观察其紫外光谱特性。

【注意事项】

① 在使用有机试剂时要注意通风。

② KBr固体试样经研磨过程会吸水，水分的存在会产生光谱干扰。若有水分存在，试样压成片时易黏附在模具上不易取下，所以研磨后粉末应烘干一段时间。

【思考题】

① 试比较多种提取多糖的方法各有何优缺点。

② 多糖的分离方法有哪些？各是什么原理？

第三章 脂 类

实验 5
粗脂肪含量的测定

【实验目的】

① 学习索氏抽提法测定脂肪的原理与方法。

② 掌握索氏抽提法基本操作要点及影响因素。

【实验原理】

利用脂肪能溶于有机溶剂的性质,在索氏提取器中将样品用无水乙醚或石油醚等溶剂反复萃取,提取样品中的脂肪后,蒸去脂肪瓶中的溶剂,所得的物质即为脂肪(或称粗脂肪)。

【试剂与器材】

1. 试剂

无水乙醚(不含过氧化物)或石油醚(沸程 30~60℃)。

2. 器材

索氏提取器(图 3-1)、电热恒温鼓风干燥箱、干燥器、恒温水浴箱、方便面、滤纸筒。

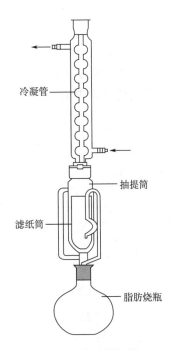

图 3-1 索氏提取器

【实验步骤】

1. 样品处理

准确称取方便面 2g 并记录（精确至 0.01mg），装入滤纸筒内。

2. 索氏提取器的清洗

将索氏提取器各部位充分洗涤并用蒸馏水清洗后烘干。脂肪烧瓶在 (103±2)℃的烘箱内干燥至恒重（前后两次称量差不超过 2mg）。

3. 样品测定

① 将滤纸筒放入索氏提取器的抽提筒内，连接已干燥至恒重的脂肪烧瓶，由抽提器冷凝管上端加入无水乙醚或石油醚至瓶内容积的 2/3 处，通入冷凝水，将底瓶浸没在水浴中加热，用一小团脱脂棉轻轻塞入冷凝管上口。

② 抽提温度的控制：水浴温度应控制在使提取液在每 6~8min 回流一次为宜。

③ 抽提时间的控制：抽提时间视试样中粗脂肪含量而定，一般样品提取 6~12h，坚果样品提取约 16h。提取结束时，用毛玻璃板接取一滴提取液，如无油斑则表明提取完毕。

④ 提取完毕，取下脂肪烧瓶，回收乙醚或石油醚。待烧瓶内乙醚仅剩下 1~2mL 时，在水浴上赶尽残留的溶剂，于 95~105℃下干燥 2h 后，置于干燥器中冷却至室温，称量。继续干燥 30min 后冷却称量，反复干燥至恒重（前后两次称量差不超过 2mg）。

4. 实验结果及分析（表 3-1）

表 3-1　数据记录表

样品的质量 m/g	干燥的脂肪和烧瓶的质量 m_0/g	抽提后脂肪和烧瓶的质量 m_1/g			
		第一次	第二次	第三次	恒重值

计算公式：

$$X = \frac{m_1 - m_0}{m} \times 100\%$$

式中　X——样品中粗脂肪的质量分数，%；

　　　m——样品的质量，g；

　　　m_0——干燥的脂肪烧瓶的质量，g；

　　　m_1——抽提后脂肪和烧瓶的总质量，g。

【注意事项】

① 抽提剂乙醚是易燃、易爆物质，应注意通风并且不能有火源。

② 样品滤纸包的高度不能超过虹吸管，否则上部脂肪不能提尽而造成误差。

③ 样品和醚浸出物在烘箱中干燥时，时间不能过长，以防止极不饱和的脂肪酸受热氧化而增加质量。

④ 脂肪烧瓶在烘箱中干燥时，瓶口侧放，以利于空气流通，而且先不要关上烘箱门，于90℃以下鼓风干燥10～20min，驱尽残余溶剂后再将烘箱门关紧，升至所需温度。

⑤ 乙醚若放置时间过长，会产生过氧化物。过氧化物不稳定，当蒸馏或干燥时会发生爆炸，故使用前应严格检查，并除去过氧化物。检查方法：取5mL乙醚于试管中，加KI（100g/L）溶液1mL，充分振摇1min，静置分层。若有过氧化物则放出游离碘，水层是黄色（或加4滴5g/L淀粉指示剂显蓝色），则该乙醚需处理后使用。去除过氧化物的方法：将乙醚倒入蒸馏瓶中加一段无锈铁丝或铝丝，收集重蒸馏乙醚。

⑥ 反复加热可能会因脂类氧化而增重，质量增加时，以增重前的质量为恒重。

【思考题】

① 潮湿的样品可否采用乙醚直接提取？为什么？

② 如果用此法测定的样品中脂肪含量不同于标签上标示的值，该如何解释这个问题？

实验 6
血清中甘油三酯的测定（GPO-PAP 酶法）

【实验目的】

① 掌握酶法测定甘油三酯的原理和操作步骤。
② 掌握移液枪的使用。
③ 掌握分光光度计的使用。

【实验原理】

血清中甘油三酯（TG）经脂肪酶（LP）作用，水解生成甘油和脂肪酸。甘油在甘油激酶催化下，生成 3-磷酸甘油，再经甘油磷酸氧化酶（GPO）作用，氧化生成磷酸二羟丙酮和 H_2O_2，然后，H_2O_2 在过氧化物酶（POD）作用下与 4-氨基安替比林（4-AAP）及 4-氯酚反应，生成红色醌类化合物。POD、4-AAP、4-氯酚三者合称 PAP，故本法称 GPO-PAP 法。500nm 波长处测定吸光度，对照标准计算出 TG 含量。

$$甘油三酯 + H_2O \xrightarrow{LP} 甘油 + 3\text{脂肪酸}$$

$$甘油 + ATP \xrightarrow{GK, Mg^{2+}} 3\text{-磷酸甘油} + ADP$$

$$3\text{-磷酸甘油} + O_2 + 2H_2O \xrightarrow{GPO} 磷酸二羟丙酮 + 2H_2O_2$$

$$H_2O_2 + 4\text{-AAP} + 4\text{-氯酚} \xrightarrow{POD} 苯醌亚胺 + 2H_2O + HCl$$

【试剂与器材】

1. 试剂

（1）甘油三酯酶试剂的组成

① pH 7.6 Tris-HCl 缓冲溶液 150mmol/L。
② 脂肪酶 3000U/L。
③ 甘油激酶 250U/L。
④ 甘油磷酸氧化酶 3000U/L。
⑤ ATP 0.5mmol/L。
⑥ 过氧化物酶（辣根）1000U/L。

⑦ 胆酸钠 3.5mmol/L。

⑧ $MgSO_4$ 17.5mmol/L。

⑨ 4-AAP 1mmol/L。

⑩ 4-氯酚 3.5mmol/L。

(2) 1.13mmol/L 甘油三酯水溶液标准液

2. 器材

试管、水浴箱、试管架、洗耳球、移液枪、刻度吸量管、分光光度计、人血清。

【实验步骤】

① 取试管 3 支，标号，按表 3-2 加入各反应物。

表 3-2　各试管所加反应物

加入物	空白管（O）	标准管（S）	测定管（U）
待测血浆	—	—	10μL
标准液	—	10μL	—
生理盐水	10μL	—	—
酶试剂	1.00mL	1.00mL	1.00mL

② 混匀，置37℃水浴保温15min，在波长为500nm处比色，以空白管调"0"，读取各管吸光度。

③ 计算血清中甘油三酯的浓度：

$$b = (A_s/A_u) c_s。$$

式中　b——血清中 TG 的浓度，mmol/L；

　　　A_u——测定管的吸光度；

　　　A_s——标准管的吸光度；

　　　c_s——标准 TG 的浓度，mmol/L。

【注意事项】

① 标本要求是餐后 12～14h 的空腹血液（血清 TG 易受饮食影响）。

② 标本存放 4℃不宜超过 3d（避免 TG 水解而释放出甘油）。

③ 本法的线性关系上限为 11.4mmol/L，若所测 TG 值超过 11.0mmol/L，需要用生理盐水稀释后重新测定，测定结果乘以稀释倍数。

【思考题】

① 为什么要空腹取血？如果不是空腹取血，对实验结果有什么影响？
② 血清中甘油三酯的测定方法有哪些？
③ 与标准曲线法相比，本方法测定血清中甘油三酯有什么优缺点？

实验 7
油脂碘价的测定（Hanus 法）

【实验目的】

掌握油脂碘价的测定原理和方法。

【实验原理】

在适当条件下，不饱和脂肪酸的不饱和键能与碘、溴或氯起加成反应。脂肪分子中如含有不饱和脂酰基，即能吸收碘。100g 脂肪所吸收碘的质量（g）称为碘价。碘价的高低表示脂肪不饱和度的大小。

由于碘与脂肪的加成作用很慢，故于 Hanus 试剂中加入适量溴，使产生溴化碘，再与脂肪作用。过量的溴化碘与脂肪作用后，测定溴化碘剩余量即可求得脂肪的碘价，本法的反应如下：

$$I_2 + Br_2 \longrightarrow 2IBr \text{（Hanus 试剂）}$$

$$IBr + -CH=CH- \longrightarrow -CHI-CHBr-$$

$$KI + CH_3COOH \longrightarrow HI + CH_3COOK$$

$$HI + IBr \longrightarrow HBr + I_2$$

$$I_2 + 2Na_2S_2O_3 \longrightarrow NaI + Na_2S_4O_6 \text{（滴定）}$$

自然界普通脂类碘价参考数值见表 3-3。

表 3-3 自然界普通脂类碘价参考数值

品种	碘价范围
大豆油	124～139
花生油	86～107
菜籽油	94～120
低芥酸菜籽油	105～126
棕榈油	50～55
葵花籽油	118～141
棉籽油	100～115

续表

品种	碘价范围
芝麻油	103～118
茶籽油	83～89
核桃油	140～152
玉米油	103～130
猪油	45～70
米糠油	92～115
蓖麻籽油	80～88

【试剂与器材】

1. 试剂

（1）Hanus 试剂

取 13.20g 升华碘加入锥形瓶内，向内徐徐加入 1000mL 冰醋酸（99.5％），溶时可将冰醋酸分多次加入，并置水浴中加热助溶，冷后，加适量溴（约 3mL）使卤素值增加一倍。此溶液储于棕色瓶中。

（2）15％碘化钾溶液

称取 150g 碘化钾溶于水，稀释至 1000mL。

（3）标准硫代硫酸钠溶液

25g 纯硫代硫酸钠晶体 $Na_2S_2O_3 \cdot 5H_2O$（CP 以上规格）溶于经煮沸后冷却的蒸馏水中，稀释至 1000mL，此溶液中可加入少量 Na_2CO_3（约 50mg），数日后标定。

标定方法：精确称取干燥至恒重的基准重铬酸钾 0.15～0.20g 2 份，分别置于两个 500mL 碘瓶中，各加水约 30mL 使溶解，加入固体碘化钾 2.0g 及 6mol/L HCl 10mL，混匀，塞好，置暗处 3min，然后加入水 200mL 稀释，用 $Na_2S_2O_3$ 滴定，当溶液由棕变黄后，加淀粉液 3mL，继续滴定至呈淡绿色为止，计算 $Na_2S_2O_3$ 溶液的准确浓度，滴定反应为：

$$K_2Cr_2O_7 + 6I^- + 14H^+ \longrightarrow 2K^+ + 2Cr^{3+} + 3I_2 + 7H_2O$$

$$I_2 + 2S_2O_3^{2-} \longrightarrow 2I^- + S_4O_6^{2-}$$

（4）1％淀粉液

将 1g 可溶性淀粉与少量冷蒸馏水混合成薄浆状物，然后缓缓倾入沸蒸馏水中，边加边搅，最后以沸蒸馏水稀释至 100mL。

2. 器材

碘瓶、滴定管、大肚吸管、容量瓶、分液漏斗、烧杯、玻璃棒、电子天平、油脂。

【实验步骤】

① 准确称取 0.2g 脂肪，置于碘瓶（图 3-2 中），加 10mL 氯仿作溶剂，待脂肪溶解后，加入 Hanus 试剂 20mL（注意勿使碘液沾在瓶颈部），塞好碘瓶，轻轻摇动，摇动时亦应避免溶液溅至瓶颈部及塞上，混匀后，置暗处（或用黑布包裹碘瓶）30min，于另一碘瓶中置同量试剂，但不加脂肪，做空白试验。

② 60min 后，先加少量 15% 碘化钾溶液于碘瓶口边上，将玻璃塞稍稍打开，使碘化钾溶液流入瓶内，并继续由瓶口边缘加入碘化钾溶液，共加 20mL，再加水 100mL，混匀，两个样品一起加入，终止反应，随即用标准硫代硫酸钠溶液滴定。初加硫代硫酸钠溶液时可较快，待瓶内液体呈淡黄色时，加淀粉液 1mL，继续滴定，滴定将近终点时（蓝色已淡），可加塞振荡，使之与溶于氯仿中的碘完全作用，继续滴定至蓝色刚刚消失为止，记录所用硫代硫酸钠溶液量，用同法滴定空白管。

图 3-2 碘瓶

③ 按下式计算碘价：

$$碘价 = \frac{(B-S)N}{m} \times \frac{126.9}{1000} \times 100$$

式中　B——滴定空白所耗 $Na_2S_2O_3$ 溶液体积，mL；
　　　S——滴定样品所耗 $Na_2S_2O_3$ 溶液体积，mL；
　　　N——$Na_2S_2O_3$ 溶液的物质的量浓度，mol/mL；
　　　m——脂肪质量，g；
　　　126.9——碘的原子量；
　　　1000——毫克转化为克的系数；
　　　100——碘价是 100g 脂肪所吸收的碘的质量，g。

【注意事项】

① 油脂加入 Hanus 试剂后，要将碘瓶的塞子塞好，防止碘挥发，同时在

塞子的周围滴上几滴 KI，以便将塞子密封，碘瓶一定要放在暗处。

② 在向碘瓶中加 KI 和水时，一定要先加在塞子的周围，然后打开塞子，使其进入碘瓶中。

③ 在进行 $Na_2S_2O_3$ 滴定时，开始不要加淀粉指示剂，当滴定到颜色变为浅黄色时再加淀粉，当滴定快到终点时，要用力摇碘瓶中的溶液，以便溶解在氯仿中的碘重新溶解在溶液中，否则滴定结果不够准确。

④ 本实验需要做样品的两个平行实验，一个空白实验。

【思考题】

① 测定碘值有何意义？

② 加入 Hanus 试剂后，为何要在暗处放置？

③ 滴定过程中，为何淀粉溶液不能过早加入？

实验 8
食用油脂酸价和过氧化值的测定（滴定法）

【实验目的】

① 掌握油脂过氧化值和酸价的测定原理与方法。
② 熟悉反映油脂氧化酸败的指标，了解油脂的卫生标准。

【实验原理】

油脂暴露于空气中一段时间后，在脂肪水解酶或微生物繁殖所产生的酶作用下，部分甘油酯会分解产生游离的脂肪酸，使油脂变质酸败，通过测定油脂中游离脂肪酸含量反映油脂新鲜程度，酸价越小，说明油脂质量越好，新鲜度和精炼程度越好。以酚酞作为指示剂，用氢氧化钾标准溶液滴定中和植物油中的游离脂肪酸，每克植物油消耗氢氧化钾的质量（mg）即为酸价。油脂氧化过程中产生的过氧化物与碘化钾作用，生成游离碘，以硫代硫酸钠标准溶液滴定游离的碘，根据消耗硫代硫酸钠标准溶液的体积计算油脂的过氧化值。

【试剂与器材】

1. 试剂

① 乙醚-乙醇（体积比 2∶1），临用前用氢氧化钾溶液（0.050mol/L）中和至酚酞指示液呈中性。

② 1%酚酞指示液：称取酚酞 1g 溶于 100mL 95%乙醇中。

③ 氢氧化钾标准溶液（$c=0.050$mol/L）：准确称取 1.400g 氢氧化钾溶解到 500.0mL 水中即可。

④ 饱和碘化钾溶液：称取 14g 碘化钾（KI），加 10mL 水溶解，必要时微微加热加速溶解，冷却后储存于棕色瓶中，临用前配制。

⑤ 三氯甲烷-冰醋酸混合液：量取 40mL 三氯甲烷，加 60mL 冰醋酸，混匀。

⑥ 硫代硫酸钠标准溶液（$c=0.0020$mol/L）：称取 26g 硫代硫酸钠（$Na_2S_2O_3 \cdot 5H_2O$）（或 16g 无水硫代硫酸钠），加入 0.2g 无水碳酸钠，溶于 1000mL 水中，缓缓煮沸 10min，冷却，放置 2 周后过滤。此硫代硫酸钠标准

溶液的浓度为 0.1mol/L，测定时需用新煮沸放冷的纯水稀释至 0.0020mol/L。

⑦ 淀粉指示剂（10g/L）：称取可溶性淀粉 0.5g，加入少许水调成糊状倒入 50mL 沸水中调匀，煮沸，临用前配制。

2. 器材

碱式滴定管、锥形瓶、电子天平、酸式滴定管、碘瓶。

【实验步骤】

1. 酸价的测定

① 乙醚-乙醇混合液：准确量取 45mL 的乙醚-乙醇混合液放入 250mL 锥形瓶中（其中乙醚 30mL，乙醇 15mL），轻轻振摇混匀，加入 0.5mL 1％酚酞指示液，用氢氧化钾溶液（0.050mol/L）滴定至淡红色正好出现且 30s 内不褪色。

② 准确称取 3.00～5.00g 混匀的试样，置于上述同一个锥形瓶中，轻轻振摇使油样溶解，加入 1％酚酞指示液 2～3 滴，以氢氧化钾标准滴定溶液滴定至出现微红色，且 30s 内不褪色为终点，记录所消耗的氢氧化钾标准滴定溶液体积 V。做两次平行实验，记录每次实验所消耗的氢氧化钾标准滴定溶液体积 V，依次记为 V_1、V_2。

③ 数据处理。

原始数据记录于表 3-4。

表 3-4 酸价的测定原始数据记录表

V_1	V_2	V（平均值）

试样的酸价按下式进行计算。

$$X = \frac{V \times c \times 56.11}{m}$$

式中　X——试样的酸价（以氢氧化钾计），mg/g；

　　　V——试样消耗氢氧化钾标准溶液的体积，mL；

　　　c——氢氧化钾标准溶液的实际浓度，mol/L；

　　　m——试样质量，g；

　　　56.11——氢氧化钾的摩尔质量，g/mol。

计算结果保留两位有效数字。

2. 过氧化值的测定

① 称取 2.00～3.00g 混匀的试样，置于 250mL 碘瓶中，加 30mL 三氯甲烷-冰醋酸混合液，使试样完全溶解。

② 加入 1.00mL 饱和碘化钾溶液，紧密塞好瓶盖，并轻轻振摇 30s，暗处放置 3min。

③ 取出加 100mL 水，摇匀，立即用硫代硫酸钠标准溶液（0.0020mol/L）滴定，至淡黄色时，加 1mL 淀粉指示液，继续滴定至蓝色消失为终点。

④ 取相同量的三氯甲烷-冰醋酸溶液、碘化钾溶液、水，做试剂空白试验。

⑤ 数据处理。

原始数据记录于表 3-5。

表 3-5 过氧化值的测定原始数据记录表

V_1	V_2	V（平均值）	V_0（试剂空白值）

试样的过氧化值按下式进行计算。

$$X = \frac{(V - V_0) \times c \times 0.1269 \times 100}{m}$$

式中 X——试样的过氧化值（以碘的百分数表示过氧化值），g/100g；

V——试样消耗硫代硫酸钠标准滴定溶液体积，mL；

V_0——试剂空白消耗硫代硫酸钠标准滴定溶液体积，mL；

c——硫代硫酸钠标准滴定溶液的浓度，mol/L；

m——试样质量，g；

0.1269——与 1.0mL 硫代硫酸钠标准滴定溶液（浓度为 1.000mol/L）相当的碘的质量，g/mmol。

计算结果保留两位有效数字。

【注意事项】

① 试验中加入乙醇可以使碱和游离脂肪酸的反应在均匀状态下进行，以防止反应生成的脂肪酸钾盐离解。

② 滴定所用氢氧化钾溶液的量为乙醇量的 1/5，以免皂化水解，如过量则有浑浊沉淀，造成结果偏低。

③ 在重复性条件下获得的两次独立测定结果的绝对差值不得超过算术平均值的 10%。

④ 碘易挥发，故滴定时溶液的温度不能高，且不要剧烈摇动溶液。

⑤ 为防止碘被空气氧化，应放在暗处，避免阳光照射，析出碘后，应立即用硫代硫酸钠溶液滴定，滴定速度应适当快些。

⑥ 淀粉指示剂应是新配制的，在接近终点时加入，即在硫代硫酸钠标准溶液滴定碘至浅黄色时再加入淀粉，否则碘和淀粉吸附太牢，到终点时颜色不易褪去，致使终点出现过迟，引起误差。

⑦ 我国 GB 2716—2018《食品安全国家标准　植物油》标准中规定：食用植物油的酸价不得超过 3.0mg/g（以 KOH 计）；过氧化值不得超过 0.25g/100g。

【思考题】

① 评价食用油脂卫生质量的理化指标有哪些？
② 油脂酸败是如何发生的？
③ 反映油脂酸败的指标有哪些？
④ 为什么碘与硫代硫酸钠的反应必须在中性或弱酸性溶液中进行？

实验 9
血清总胆固醇的测定（邻苯二甲醛法）

【实验目的】

了解并掌握胆固醇测定的原理和方法。

【实验原理】

血清胆固醇含量是动脉粥样硬化性疾病防治、临床诊断和营养研究的重要指标。正常人血清胆固醇含量范围为 100～250mg/mL。胆固醇是环戊烷多氢菲的衍生物，它不仅参与血浆蛋白的组成，而且也是细胞的必要结构成分，还可以转化成胆汁酸盐、肾上腺皮质激素和维生素 D 等。胆固醇在体内以游离胆固醇及胆固醇酯两种形式存在，统称总胆固醇。总胆固醇的测定有化学比色法和酶学方法两类。本实验采用前一种方法。胆固醇及其酯在硫酸作用下与邻苯二甲醛产生紫红色物质，此物质在 550nm 波长处有最大吸收，因此，可用比色法作总胆固醇的定量测定。胆固醇含量在 400mg/100mL 以内时，与光吸收值呈良好线性关系。

【试剂与器材】

1. 试剂

① 邻苯二甲醛试剂：称取邻苯二甲醛 50mg，以无水乙醇溶至 50mL，冷藏，有效期为一个半月。

② 混合酸：冰醋酸 100mL 与浓硫酸 100mL 混合。

③ 标准胆固醇贮存液（1mg/mL）：准确称取胆固醇 100mg，溶于冰醋酸中，定容至 100mL。

④ 标准胆固醇工作液（0.1mg/mL）：将上述贮存液以冰醋酸稀释 10 倍，即取 10mL 用冰醋酸稀释至 100mL。

2. 器材

试管 1.5cm×15cm、移液枪、量筒 50mL、分光光度计、0.1mL 人血清以冰醋酸稀释至 4.00mL。

【实验步骤】

1. 制作标准曲线

取 9 支试管编号后，按表 3-6 顺序加入试剂。

表 3-6 加入试剂及加入顺序表

管号	0	1	2	3	4	5	6	7	8
标准胆固醇工作液/mL	0	0.05	0.10	0.15	0.20	0.25	0.30	0.35	0.40
冰醋酸/mL	0.40	0.35	0.30	0.25	0.20	0.15	0.10	0.05	0
邻苯二甲醛试剂/mL	0.20	0.20	0.20	0.20	0.20	0.20	0.20	0.20	0.20
混合酸/mL	4.00	4.00	4.00	4.00	4.00	4.00	4.00	4.00	4.00
相当于未知血清中总胆固醇量/mg	0	50	100	150	200	250	300	350	400
A_{550}									

加完试剂，温和混匀，20~37℃下静置 10min，在 550nm 波长处测定光吸收值。以总胆固醇量（mg）为横坐标，光吸收值为纵坐标作出标准曲线。

2. 样品测定

取 3 支试管编号后，按表 3-7 分别加入试剂，与标准曲线同时作比色测定。

表 3-7 各管加入试剂表

管号	对照	样品①	样品②
稀释的未知血清样品/mL	0	0.40	0.40
邻苯二甲醛试剂/mL	0.20	0.20	0.20
冰醋酸/mL	0.40	0	0
混合酸/mL	4.00	4.00	4.00
A_{550}			

加完试剂，温和混匀，20~37℃下静置 10min，在 550nm 下测定光吸收值。然后，从标准曲线上查出样品中总胆固醇的含量。

【注意事项】

① 本法在 20~37℃条件下显色。

② 混合酸黏度比较大，颜色容易分层，比色前一定要混匀。

【思考题】

① 本实验操作中特别需要注意些什么？为什么？

② 脂类难溶于水，将它们均匀分散在水中则形成乳浊液，为什么正常人血浆和血清中含有脂类虽多，但却清澈透明？

实验 10
血清胆固醇的定量测定（磷硫铁法）

【实验目的】

掌握磷硫铁法测定血清胆固醇的原理、方法及临床意义。

【实验原理】

总胆固醇的测定有化学比色法（磷硫铁法和邻苯二甲醛法）和酶学方法（试剂盒）两类。本实验采用磷硫铁法测定血清胆固醇含量。用无水乙醇提取血清中的胆固醇，再与硫磷铁试剂作用，产生颜色反应，呈色度与胆固醇含量成正比，可用比色法测定血清中胆固醇含量。血清经无水乙醇处理，蛋白质被沉淀，胆固醇及其酯溶解在无水乙醇中。在乙醇提取液中加磷硫铁试剂，胆固醇及其酯与试剂形成比较稳定的紫红色化合物，此物质在560nm波长处有特征吸收峰，可用比色法作胆固醇的定量测定。正常血清中胆固醇的含量有随年龄增大而增加的趋势，其平均正常值在110～220mg/100mL。胆固醇含量在400mg/100mL内，与 A（或 OD）值呈良好线性关系。

【试剂与器材】

1. 试剂

① 10%三氯化铁溶液：10g $FeCl_3$（分析纯）溶于磷酸（分析纯），定容至100mL。储于棕色瓶，冷藏。

② 磷硫铁试剂：取 10% $FeCl_3$ 溶液 1.5mL 置于 100mL 棕色容量瓶内，加浓硫酸（分析纯）至刻度。

③ 胆固醇标准储液：准确称取胆固醇 80mg，溶于无水乙醇，定容至 100mL。

④ 胆固醇标准溶液：将储液用无水乙醇准确稀释 10 倍即得，每毫升含 0.08 mg 胆固醇。

⑤ 无水乙醇（分析纯）。

⑥ 血清。

2. 器材

分光光度计、台式离心机、试管及试管架、刻度吸量管或移液枪。

【实验步骤】

① 吸取血清0.1mL于干燥离心管，先加无水乙醇0.4mL，摇匀后再加无水乙醇2.0mL，摇匀，10min后离心（3000r/min离心5min），上清液备用（分两次加入乙醇的目的是使作用完全）。

② 取干燥试管3支，编号，分别加入无水乙醇1.0mL（空白管）、胆固醇标准溶液1.0mL（标准管）、上述乙醇提取液1.0mL（样品管），各管皆加入磷硫铁试剂1.0mL，摇匀，10min后，分别转移至0.5cm光径的比色杯内（表3-8），用分光光度计于560nm处比色。

表3-8　各管加入试剂表

试剂	样品管	标准管	空白管
乙醇抽提液	1.0mL		
胆固醇标准应用液		1.0mL	
无水乙醇			1.0mL
磷硫铁试剂	1.0mL	1.0mL	1.0mL
A（OD）			

硫磷铁试剂须沿管壁缓缓加入，与乙醇液分成两层，立即迅速振摇20次，放置10min（冷却至室温）后，于560nm进行比色，以空白管调零读取各管吸光度。

③ 计算胆固醇含量，因胆固醇含量在400mg/100mL内，与A（或OD）值呈良好线性关系，可由吸光值A的比值，根据公式$\frac{A_2}{A_1}=\frac{c_2}{c_1}$，求其含量。

【注意事项】

① 颜色反应与加硫磷铁试剂混合时的产热程度有关，因此，所用试管口径及厚度要一致；加硫磷铁试剂时必须与乙醇分成两层，然后混合，不能边加边摇，否则显色不完全；硫磷铁试剂要加一管混合一管，混合的手法、程度也要一致；混合时试管发热，注意勿使管内液体溅出，以免损伤衣服、皮肤、眼睛。

② 所用试管和比色杯均须干燥，浓硫酸的质量很重要，放置时间过久，往往由于吸收水分而使颜色反应降低。

③ 空白管应接近无色，如带橙黄色，表示乙醇不纯，应采取去醛处理。

④ 人血清胆固醇正常含量约为 2.8~5.9mmol/L （110~230mg/dL）。单位"mg/dL"转换成"mmol/L"的系数为 0.026。

【思考题】

① 本实验操作中特别需要注意什么？为什么？
② 本法测出的胆固醇含量比实际值偏低还是偏高？为什么？
③ 指出目前临床最常用的血清胆固醇的测定方法，并与本实验方法比较，指出它们的优缺点。

第四章 蛋白质

实验 11
蛋白质的颜色反应与沉淀反应

【实验目的】

① 掌握鉴定蛋白质的原理和方法。
② 熟悉蛋白质的沉淀反应,进一步熟悉蛋白质的有关反应。

【实验原理】

蛋白质分子中某种或某些基团可与显色剂作用,呈现某种颜色。不同的蛋白质由于所含的氨基酸不完全相同,颜色反应亦不完全相同。

① 米伦反应:米伦试剂为硝酸、亚硝酸、硝酸汞和亚硝酸汞的混合物,能与苯酚、双酚及某些羟苯衍生物产生颜色反应。这些反应最初产生的有色物质可能为羟苯的亚硝基衍生物,经变位作用变成颜色更深的邻醌肟,最终形成红色稳定产物。组成蛋白质的氨基酸中只有酪氨酸为羟苯衍生物,因此该反应为酪氨酸的显色反应(酚羟基反应)。

② 双缩脲反应:将尿素加热,两分子尿素放出一分子氨而形成双缩脲。双缩脲在碱性环境中,能与硫酸铜结合成红紫色的络合物,此反应为双缩脲反应。蛋白质分子中含有的肽键与缩脲结构相似,故能呈此反应。一般肽键越多颜色越深,而且受蛋白质特异性影响小。

③ 黄色反应:蛋白质分子中含有苯核结构的氨基酸(如酪氨酸、色氨酸等),遇到硝酸可硝化成黄色物质,此物质在碱性环境中变为橘黄色的硝苯衍生物。这是含酪氨酸和色氨酸蛋白质所特有的反应。皮肤、指甲和毛发等遇浓硝酸变黄,就是这个原理。

④ 茚三酮反应:蛋白质与茚三酮共热,则产生蓝色的还原茚三酮、茚三

酮和氨的缩合物。此反应为一切蛋白质及 α-氨基酸所共有。

颜色反应不是蛋白质的专一反应，一些非蛋白物质也可产生同样的颜色反应，因此不能根据颜色反应的结果来判定被测物是否为蛋白质。另外，颜色反应也可作为一些常用蛋白质定量测定的依据。

蛋白质是亲水性胶体，在溶液中的稳定性与质点大小、电荷、水化作用有关，但其稳定性是有条件的，相对的。如果条件发生了变化，破坏了蛋白质的稳定性，蛋白质就会从溶液中沉淀出来。

① 蛋白质盐析作用原理：向蛋白质溶液中加入中性盐（硫酸铵、硫酸钠或氯化钠等）至一定浓度，使蛋白质脱去水化层而聚集沉淀。沉淀不同的蛋白质所需中性盐的浓度也不同。

② 酒精沉淀蛋白质原理：酒精为脱水剂，能破坏蛋白质胶体质点的水化层而使其沉淀析出。

③ 重金属盐沉淀蛋白质原理：当溶液 pH 大于等电点时，蛋白质颗粒带负电荷，这样它就容易与重金属盐（如 Cu^{2+}、Ag^+、Hg^{2+}、Pb^{2+} 等）结合形成不溶性盐类而沉淀。

④ 生物碱试剂沉淀蛋白质原理：植物体内具有显著生理作用的含氮碱性化合物称为生物碱。能沉淀生物碱或与其产生颜色反应的物质称为生物碱试剂，如鞣酸、苦味酸、磷钨酸等。当溶液 pH 小于等电点时，蛋白质颗粒带正电荷，容易与生物碱试剂发生反应生成不溶性盐而沉淀。

【试剂与器材】

1. 试剂

① 卵清蛋白液：鸡蛋清用蒸馏水稀释 10～20 倍，3～4 层纱布过滤，滤液放在冰箱里冷藏备用。

② 0.5％苯酚：1g 苯酚加蒸馏水稀释至 200mL。

③ 米伦（Millon's）试剂：40g 汞溶于 60mL 浓硝酸（水浴加温助溶），溶解后冷却，加两倍体积的蒸馏水，混匀，取上清液备用。此试剂可长期保存。

④ 尿素晶体。

⑤ 1％ $CuSO_4$：1g $CuSO_4$ 晶体溶于蒸馏水，稀释至 100mL。

⑥ 10％ NaOH：10g NaOH 溶于蒸馏水，稀释至 100mL。

⑦ 浓硝酸。

⑧ 0.1％茚三酮溶液：0.1g 茚三酮溶于 95％的乙醇并稀释至 100mL。

⑨ 冰醋酸。

⑩ 浓硫酸。

⑪ 饱和硫酸铵溶液：100mL 蒸馏水中加硫酸铵至饱和。
⑫ 硫酸铵晶体：用研钵研成碎末。
⑬ 95％乙醇。
⑭ 1％醋酸铅溶液：1g 醋酸铅溶于蒸馏水并稀释至 100mL。
⑮ 氯化钠晶体。
⑯ 10％三氯乙酸溶液：10g 三氯乙酸溶于蒸馏水中并稀释至 100mL。
⑰ 饱和苦味酸溶液：100mL 蒸馏水中加苦味酸至饱和。
⑱ 1％醋酸溶液。

2. 器材

吸管、滴管、试管、电炉、pH 试纸、水浴锅、移液管。

【实验步骤】

1. 蛋白质的颜色反应

（1）米伦反应

① 苯酚实验：取 0.5％苯酚溶液 1mL 于试管中，加米伦试剂 0.5mL，用电炉小心加热观察颜色变化。

② 蛋白质实验：取 2mL 蛋白液，加米伦试剂 0.5mL，出现白色的蛋白质沉淀，小心加热，观察现象。

（2）双缩脲反应

① 取少量尿素晶体放在干燥的试管中，微火加热熔化，至重新结晶时冷却。然后加 10％ NaOH 溶液 1mL，摇匀，再加 2～4 滴 1％ $CuSO_4$ 溶液，混匀，观察现象。

② 取蛋白液 1mL，加 10％ NaOH 溶液 1mL，摇匀，再加 2～4 滴 1％ $CuSO_4$ 溶液，混匀，观察现象。

（3）黄色反应

取一支试管，加入 1mL 蛋白液及浓硝酸 5 滴，加热，冷却后注意颜色变化。然后再加入 10％ NaOH 溶液 1mL，观察颜色有什么变化。

（4）茚三酮反应

取蛋白液 1mL 于试管中，加 4～8 滴茚三酮溶液，加热至沸，观察现象。

2. 蛋白质的沉淀反应

（1）蛋白质的盐析作用

① 试管中加蒸馏水 3mL，加固体硫酸铵至饱和。另一支试管加蛋白液 2mL，再加入饱和硫酸铵溶液 2mL，摇匀静置观察现象。

② 将上述混合液过滤，向滤液中逐渐加入少量固体硫酸铵，直至饱和为

止，此时析出为清蛋白。再加入少量蒸馏水，观察沉淀是否溶解。

（2）有机溶剂沉淀蛋白质

试管中加蛋白液 1mL，加晶体氯化钠少许，溶解后加 95％乙醇 3mL，摇匀，观察现象。

（3）重金属盐与某些有机酸沉淀蛋白质

① 取试管 2 支，各加蛋白液 2mL，一支管中滴加 1％醋酸铅溶液，另一支试管中滴加 1％硫酸铜溶液，至有沉淀产生。

② 取一支试管加蛋白液 2mL，再加入 10％三氯乙酸 1mL，充分混匀，观察结果。

（4）生物碱试剂沉淀蛋白质

取一支试管，加入蛋白液 2mL 及醋酸 4～5 滴，再加饱和苦味酸数滴，观察现象。

观察上述所有实验现象并解释。

【注意事项】

① 米伦反应加热时容易暴沸，要注意安全，应温和加热。

② 双缩脲反应中硫酸铜不能多加，否则会产生影响观察的蓝色络离子 $Cu(NH_3)_4^{2+}$。

③ 茚三酮反应必须在 pH 5～7 进行。

④ 蛋白质盐析作用应先加蛋白质溶液，然后加饱和硫酸铵溶液；固体硫酸铵若加到过饱和则有结晶析出，勿与蛋白质沉淀混淆。

⑤ 实验中使用的试剂种类繁多，注意防止所使用试剂的交叉污染。

⑥ 注意滴管的正确使用，防止酸、碱或有机试剂污染滴头。

⑦ 在实验中，特别是酒精灯加热过程中要注意操作规范，注意实验安全。

⑧ 双缩脲反应时试管口对着墙。

⑨ 除取蛋清液外，其他都用滴管取液，大致估算体积。

【思考题】

① 请说出在上述蛋白质沉淀反应中，哪些为可逆沉淀，哪些为不可逆沉淀？

② 维持蛋白质胶体溶液稳定性的因素有哪些？

③ 乙醇、重金属盐及生物碱试剂破坏蛋白质胶体溶液稳定性的机理是什么？

实验 12
蛋白质的等电点测定

【实验目的】

① 了解蛋白质的两性解离性质。
② 学习测定蛋白质等电点的一种方法。

【实验原理】

蛋白质是两性电解质，在蛋白质溶液中存在下列平衡：其分子中所含的自由氨基和羧基均可能解离，当溶液的 pH 值大于蛋白质的等电点时，氨基的解离受到抑制而羧基的解离度增大，此时蛋白质分子为带负电荷的阴离子；反之，当溶液的 pH 小于蛋白质等电点时，羧基的解离受到抑制而氨基的解离增加，而使蛋白质分子带正电荷。

$$\begin{array}{c} COOH \\ | \\ R-CH \\ | \\ NH_2 \end{array}$$

蛋白质分子

$$\begin{array}{c} COOH \\ | \\ R-CH \\ | \\ \overset{+}{N}H_3 \end{array} \underset{+H^+}{\overset{+OH^-}{\rightleftharpoons}} \begin{array}{c} COO^- \\ | \\ R-CH \\ | \\ \overset{+}{N}H_3 \end{array} \underset{+H^+}{\overset{+OH^-}{\rightleftharpoons}} \begin{array}{c} COO^- \\ | \\ R-CH \\ | \\ NH_2 \end{array}$$

阳离子　　　　　　　兼性离子　　　　　　　阴离子
pH<pI　　　　　　　 pH=pI　　　　　　　　pH>pI
电场中：移向阴极　　 不移动　　　　　　　　 移向阳极

蛋白质分子的解离状态和解离程度受溶液的酸碱度影响，当溶液的 pH 达到一定数值时，蛋白质颗粒上正负电荷的数目相等，在电场中，蛋白质既不向阴极移动，也不向阳极移动，此时溶液的 pH 值称为此种蛋白质的等电点。不同蛋白质各有其等电点。在等电点时，蛋白质的理化性质都有变化，可利用此种性质的变化测定各种蛋白质的等电点。最常用的方法是测其溶解度最低时的溶液pH值。本实验借观察在不同pH溶液中的溶解度以测定酪蛋白的等电点。用醋酸与醋酸钠（醋酸钠混合在酪蛋白溶液中）配制成各种不同pH值的缓冲液，向各缓冲溶液中加入酪蛋白后，沉淀出现最多的缓冲液的pH即为酪蛋白的等电点。

【试剂与器材】

1. 试剂

① 0.5％酪蛋白醋酸钠溶液100mL：取纯酪蛋白（干酪素）0.05g加蒸馏水20mL及1mol/L NaOH溶液5mL，混合使之溶解，再加1mol/L醋酸溶液5mL，定容至100mL即可。

② 1.00mol/L醋酸溶液100mL。

③ 0.10mol/L醋酸溶液100mL。

④ 0.01mol/L醋酸溶液100mL。

2. 器材

水浴锅、温度计、200mL锥形瓶、100mL容量瓶、吸管、试管、试管架。

【实验步骤】

① 取同样规格的试管5支，按下表顺序分别精确地加入各试剂，然后混匀。

② 向以上试管中各加酪蛋白的醋酸钠溶液1mL，加一管，摇匀一管。此时1、2、3、4、5管的pH依次为5.9、5.3、4.7、4.1、3.5。

试剂编号	蒸馏水/mL	0.01mol/L 醋酸/mL	0.1mol/L 醋酸/mL	1.0mol/L 醋酸/mL	pH
1	4.19	0.31	—	—	5.9
2	4.37	—	0.13	—	5.3
3	4.0	—	0.5	—	4.7
4	2.5	—	2.0	—	4.1
5	3.7	—	—	0.8	3.5
pI					

观察其浑浊度，静置10min，再观察其浑浊度，以一，＋，＋＋，＋＋＋，＋＋＋＋符号表示沉淀的多少。最浑浊的一管的pH值即为酪蛋白的等电点。

【注意事项】

等电点测定的实验要求各种试剂的浓度和加入量必须相当准确,为了减小误差,添加试剂是用移液管量取试剂,不能使用量筒粗量。

【思考题】

① 蛋白质为什么在等电点处溶解度最低?

② 查阅资料,找出其他测定蛋白质等电点的方法。

实验 13
聚丙烯酰胺凝胶等电聚焦电泳测定蛋白质的等电点

【实验目的】

① 学习和掌握圆盘电泳技术。
② 学习和掌握等电聚焦电泳测定蛋白质的等电点的方法。

【实验原理】

蛋白质是两性电解质,当 pH>pI 时带负电荷,在电场作用下向正极移动;当 pH<pI 时带正电荷,在电场作用下向负极移动;当 pH=pI 时净电荷为零,在电场作用下既不向正极也不向负极移动,此时的 pH 就是该蛋白质的等电点(pI)。利用各种蛋白质 pI 不同的特性,以聚丙烯酰胺凝胶为电泳支持物,并在其中加入两性电解质载体(carrier ampholytes),两性电解质载体在电场作用下,按各自 pI 形成从阳极到阴极逐渐增加的平滑和连续的 pH 梯度。此 pH 梯度进程取决于各种两性电解质的 pI、浓度和缓冲性质。在防止对流的情况下,只要有电流存在就可保持稳定的 pH 梯度,因为此时由扩散和电迁移所引起物质移动处于动态平衡。在电场作用下,蛋白质在此 pH 梯度凝胶中泳动,当迁移至 pH 值等于 pI 处时,就不再泳动,而被浓缩成狭窄的区带,这种分离蛋白质的方法称为聚丙烯酰胺等电聚焦电泳(isoelectric focusing-PAGE,IEF-PAGE)。pH 梯度的形成是 IEF-PAGE 的关键,理想的两性电解质载体应具备下列条件:

① 易溶于水,在 pI 处应有足够的缓冲能力,形成稳定的 pH 梯度,不致被蛋白质或其他两性电解质改变 pH 梯度。
② 在 pI 处应有良好的电导及相同的电导系数,以保持均匀的电场。
③ 分子量小,可通过透析或分子筛法除去,便于与生物大分子分开。
④ 化学性质稳定,与被分离物不起化学反应,也无变性作用,其化学组成不同于蛋白质。

IEF-PAGE 分离蛋白质并测定 pI 时可先选用 pI 3~10 的两性电解质载体及同一范围的标准 pI 蛋白质,将其与未知样品同时电泳,固定染色后,就可以 pH 值为纵坐标,以迁移距离(cm)为横坐标作出 pH 梯度标准曲线

（图 4-1），根据染色后未知蛋白质迁移距离则可得知其 pI。为进一步精确测定未知物的 pI，还可选择较窄范围的两性电解质进行电泳，以提高分辨率，得到更准确的 pI。实验时如无标准 pI 蛋白质作标定依据，则电泳后立即用表面微电极每隔 0.5cm 直接测定凝胶的 pH 值，制作 pH 梯度曲线，染色后根据迁移距离得知某种蛋白质的 pI。

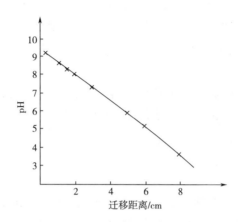

图 4-1　标准蛋白质迁移距离与 pH 的关系

IEF-PAGE 操作简单，电泳时间短，分辨率高，只要有一般电泳设备就可进行。其应用范围广，可用于分离蛋白质及测定 pI，也可用于临床鉴别诊断、农业、食品研究及动物分类等各种领域。随着其他技术的不断改进，等电聚焦电泳也不断充实完善，从柱电泳发展到垂直板，继而发展到超薄型水平板电泳等，还可与其他技术或 SDS-PAGE 结合，进一步提高灵敏度与分辨率。

【试剂与器材】

1. 试剂

① 凝胶贮液（30% Acr-0.8% Bis）：称丙烯酰胺（Acr）30.0g，N,N'-亚甲基双丙烯酰胺（Bis）0.8g，加重蒸水使其溶解后定容至 100mL，置棕色试剂瓶中，4℃贮存。

② 体积分数 10% 的 TEMED：取 10mL TEMED，加重蒸水至 100mL，置棕色试剂瓶中，4℃贮存。

③ 50g/L 过硫酸铵（AP）：称 AP 0.5g，加重蒸水至 10mL，当天配制。

④ 电极缓冲液：

（正极）5% 磷酸溶液：量取 58.8mL 85% 磷酸，定容至 1000mL。

（负极）2% 氢氧化钠溶液：称取 20g 氢氧化钠，溶于蒸馏水并定容至 1000mL。

⑤ 两性电解质载体 pH 3~10。

⑥ 染色液：称 50mg 考马斯亮蓝 R-250，加 10mL 冰醋酸，定容至 100mL。

⑦ 脱色液：10％冰醋酸。

⑧ 40％蔗糖溶液：称取 40g 蔗糖溶于少量蒸馏水中，定容至 100mL。

⑨ 待测样品：称取牛血清白蛋白 7mg 及牛胰核糖核酸酶 5mg，共溶于 1mL 蒸馏水中，置冰箱备用。

2. 器材

垂直管电泳槽和玻璃管、恒压恒流电泳仪、酸度计、微量进样器、滴管、刀片、镊子、细铜丝、长针头、注射器、烧杯。

【实验步骤】

1. 凝胶柱的制备

预先准备洁净的玻璃管（0.5cm×10cm）两根，玻璃管的一端插在青霉素或疫苗小瓶的橡皮帽中（与橡皮接触的部分凝胶不易聚合，可在橡皮帽中先加一滴 40％的蔗糖），使其垂直站立在桌面上或管架中。

按表 4-1 的配方在小烧杯内配制凝胶溶液（总体积 10mL）。

将配好的凝胶溶液用细长头滴管加到预先准备好的玻璃管中，至离上端 1cm 处，再用注射器缓缓加水 3~5mm 高，静置聚合 30min，待凝胶与水层之间出现折射率不同的界面时，说明凝胶已经聚合，再放置 0.5h，待聚合完全。

表 4-1　10mL 7.5％凝胶的配制

试剂名称	体积/mL
凝胶贮液	2.5
两性电解质载体	0.5
10％ TEMED	0.1
蛋白质混合样品	0.2
蒸馏水	6.6
混匀后置真空干燥器中抽气 10min	
50g/L 过硫酸铵	0.1

2. 电泳

用手指压迫橡皮帽使其变形，让空气进入，小心地拔出玻璃管。倒出凝胶上层水，用滤纸吸干（不要直接接触胶面），并用蒸馏水洗去蔗糖溶液，把管固定到电泳槽上槽的洞中，安装时要保证凝胶管垂直且橡胶塞孔密封不漏。可以在上槽中先加入5%磷酸缓冲液，检验是否漏液，再在下槽中装入2%氢氧化钠溶液，把上槽放在下槽上，避免管下有气泡。上槽接电泳仪的正极，下槽接负极，打开电源，先调电压至100V，待电压稳定后再升到300V，电泳2h以上至电流降为0，将电压调至0，关闭电源。

3. 剥胶

电泳结束后，取下凝胶管，用蒸馏水充分洗净两端电极液，在凝胶条的正极端插一铜丝为标记。用灌满水的注射器长针头插入凝胶与玻璃管管壁之间，边压水边慢慢转动玻璃管，推针前进，同时注入水，靠水流压力和润滑力将玻璃管内壁与凝胶分开，凝胶条即可流出（剥胶时注意不要损伤凝胶柱表面）。

4. 固定染色

取其中一条凝胶条放在一块洁净的玻璃板上，用尺量出固定前的凝胶条长度。放入染色液中同时进行固定染色1~2h，用蒸馏水漂洗数次后用脱色液脱色，直至蛋白质区带清晰，量出蛋白带距正极端的距离。

5. pH梯度的制作

取另一条凝胶条放在玻璃板上，用尺贴近凝胶条，用干净的刀片，从凝胶的正极端开始，每隔0.5cm切下一段，依次放入已编好号并装有1mL蒸馏水的试管中，浸泡过夜，次日用酸度计分别测定每管浸提液的pH值。以凝胶长度为横坐标，pH值为纵坐标，绘制标准pH梯度曲线。

6. 蛋白质样品等电点的计算

用下式求出蛋白质聚焦部位距凝胶条正极端的实际长度：

$$\text{固定后的蛋白区带中心距凝胶条正极端的距离} \times \frac{\text{固定染色前凝胶条长度}}{\text{固定染色后凝胶条长度}}$$

计算出蛋白质聚焦部位距凝胶条正极端的实际长度后，直接从pH梯度曲线上求出该蛋白质等电点。

【注意事项】

① 等电聚焦必须使用无电内渗的高纯度的稳定介质。

② 两性电解质载体是IEF-PAGE中最关键的试剂，它直接影响pH梯度的形成及蛋白质的聚焦，要选用优质两性电解质载体。

③ 应选择在电极上不产生易挥发物的液体作为电极缓冲液，阴、阳电极溶液的作用是避免样品及两性电解质载体在阴极还原或在阳极氧化，其pH值应比形成pH梯度的阴极略高，比阳极略低。值得指出的是，不同厂家合成两

性电解质方法不同，应根据说明书选用有关电极溶液。

④ 在采用 AP 催化化学聚合时，为防止氧分子存在影响聚合，加 AP 前应将溶液抽气。此催化系统在碱性条件下容易聚合，在酸性条件下（pH＜5）凝胶聚合比较困难，这可能是在酸性条件下，AP 不能充分产生出氧原子，使单体成为游离基，因而阻碍凝胶聚合，可在凝胶中加入 1% 的 $AgNO_3$ 促使凝胶聚合。

⑤ 在中性及碱性 pH 条件下，加入 TEMED 可加速凝胶聚合，但在 pH＜5 时则无加速作用。TEMED 本身为碱性介质，在 pH 4.5 以上能扩展聚丙烯酰胺凝胶碱性端 pH 梯度，其扩增幅度与 TEMED 加入量有关，加入 TEMED 对碱性蛋白质的分析极为有利，可用于分离细胞色素 C、溶菌酶、组蛋白等。

⑥ 盐离子可干扰 pH 梯度形成并使区带扭曲。为防止上述影响发生，进行 IEF-PAGE 时，样品应透析或用 SephadexG-25 脱盐，也可将样品溶解在水或低盐缓冲液中并使其充分溶解，以免不溶小颗粒引起拖尾。对于在水或低盐缓冲液中不易溶解的蛋白质，可将其溶于 1% 甘氨酸或 2% 两性电解质载体中。加样量则取决于样品中蛋白质的种类、数目以及检测方法的灵敏度。如用考马斯亮蓝 R-250 染色，加样量可为 50～150μg；如用银染色，加样量可减少到 1μg。一般样品浓度以 0.5～3mg/mL 为宜，最适当加样体积为 10～30μL。

【思考题】

① 简述聚丙烯酰胺等电聚焦电泳的基本原理。
② 哪些因素影响等电聚焦电泳的分离度？

实验 14
酪蛋白的制备

【实验目的】

① 掌握从牛乳中制备酪蛋白的原理和方法。
② 了解等电点沉淀在蛋白质制备中的应用。

【实验原理】

牛乳含有半乳糖、蛋白质、脂肪等成分，其中酪蛋白占了牛乳蛋白质的80%。牛乳酪蛋白的等电点为4.7，因此酪蛋白可以通过等电点沉淀，再通过离心而获得。酪蛋白呈淡黄色或白色，无味，不溶于水以及乙醇等有机溶剂，因此糖类小分子处于清液中而分离，沉淀物中所含的脂肪通过有机溶剂抽提而去除，最终得到纯白色、晶状酪蛋白。

【试剂与器材】

1. 试剂

① 0.2mol/L 醋酸-醋酸钠缓冲液：称取三水合醋酸钠 1.606g，冰醋酸 0.492g，用蒸馏水定容至 100mL。
② 95%乙醇。
③ 乙醚。

2. 器材

离心机、水浴锅、鲜牛奶、pH计、漏斗、滤纸。

【实验步骤】

① 取 10mL 鲜牛奶于 40℃预热，加入 40℃预热的醋酸缓冲液 10mL 左右，边加边搅拌，调 pH 至 4.7，室温冷却，5000r/min 离心 5min，得到沉淀。
② 沉淀于离心管内加入 4mL H_2O 悬浮，5000r/min 离心 5min，得到沉淀。
③ 沉淀于离心管内加入 20mL 乙醇，放置 5min，微搅动，去脂肪。
④ 漏斗过滤（或 5000r/min 离心 5min）上述悬浮液，在漏斗中加入

20mL 乙醇悬浮沉淀，滤干（或 5000r/min 离心 5min）。

⑤ 加入 20mL 乙醇乙醚混合液（体积比 1∶1）洗涤，漏斗过滤（或 5000r/min 离心 5min），然后再加入 20mL 乙醚洗涤脂肪，漏斗过滤。

⑥ 于 60℃带滤纸烘干 4h，称重并计算得率。

$$酪蛋白得率 = \frac{酪蛋白质量(g)}{牛奶质量(g)} \times 100\%$$

【注意事项】

① 牛奶与缓冲液要预热。
② 缓冲液要缓加缓搅。
③ 样品在滤纸上的脱脂过程要搅动，不得破损滤纸。
④ 实验环境要保持空气流通，门窗要打开。

【思考题】

① 在酪蛋白制备时为什么要用醋酸缓冲液调 pH 到 4.7？
② 乙醚、乙醇的作用是什么？

实验 15
蛋白质含量的测定（双缩脲法）

【实验目的】

① 理解并掌握双缩脲法测定蛋白质浓度的原理与方法。
② 熟练掌握分光光度计的使用和操作方法。

【实验原理】

具有两个或两个以上肽键的化合物皆有双缩脲反应，蛋白质是氨基酸通过肽键形成的生物大分子，因此也有双缩脲反应。蛋白质在碱性溶液中，能与 Cu^{2+} 形成紫红色络合物，在 540nm 处有最大的光吸收，颜色深浅与蛋白质浓度成正比，故可用来测定蛋白质的浓度。在一定条件下，未知样品的溶液与标准蛋白质溶液同时反应，并于 540nm 下比色，可以通过标准蛋白质的标准曲线求出未知样品的蛋白质浓度。本法测定蛋白质范围为 1~10mg，该方法常用于需要快速但不要求十分精确的测定。

$$H_2N-CO-NH_2 + NH_2-CO-NH_2 \longrightarrow H_2N-CO-NH-CO-NH_2 + NH_3$$
双缩脲

【试剂与器材】

1. 试剂

① 双缩脲试剂：溶解 1.50g $CuSO_4 \cdot 5H_2O$ 和 6.0g $NaKC_4H_4O_6 \cdot 4H_2O$ 于 500mL 水中，在搅拌下加入 300mL 10% NaOH 溶解，用水稀释到 1L，贮存在冰箱中，备用。
② 2mg/mL 牛血清白蛋白。
③ 未知浓度的待测蛋白质溶液样品。

2. 器材

分光光度计、水浴锅、试管等。

【实验步骤】

① 取 15 支试管，0 号试管 1 支，1~6 号试管及样品管各 2 支，按表 4-2 编号、加试剂。

表 4-2　各试管加入试剂名称

试管编号	0	1	2	3	4	5	6	样品
牛血清白蛋白/mg	0	0.6	1.2	2.4	3.6	4.8	6.0	—
2mg/mL 牛血清白蛋白体积/mL	0	0.3	0.6	1.2	1.8	2.4	3.0	—
待测液体积/mL	—	—	—	—	—	—	—	3.0
蒸馏水/mL	3.0	2.7	2.4	1.8	1.2	0.6	0	0
OD_{540}								

② 各管混匀后，加入双缩脲试剂 3.0mL，37 ℃反应 30min。

③ 以 0 号管调零，测定各管 540nm 光吸收值。

④ 以牛血清白蛋白含量为横坐标，OD_{540} 为纵坐标，绘制标准曲线。

⑤ 根据样品的 OD_{540} 从标准曲线上查得样品的蛋白质含量（mg），再根据样品的体积计算出样品的浓度。

【注意事项】

① 由于各种蛋白质的分子量不同，其浓度不宜用 mol/L 表示，而用 g/L 表示。

② 试管、吸管应清洁，否则会有浑浊现象发生。

③ 高脂、黄疸和溶血标本应作血清空白对照，以保证结果准确。含脂类极多的血清，加入双缩脲试剂后会出现浑浊，可用乙醚 3mL 抽提后再进行比色。

④ 须于显色 30min 内比色，否则可有雾状沉淀产生，同时注意各管从显色到比色的时间应尽可能一致。

⑤ 避免硫酸铜过量，否则生成氢氧化铜，其蓝色将掩盖紫红色，影响测定结果。

⑥ 样品蛋白质含量应在标准曲线范围内。

【思考题】

① 蛋白质常见的呈色反应有哪些？本实验结果如何，请分析。

② 双缩脲法测定蛋白质含量的原理是什么？

实验 16
考马斯亮蓝染色法定量测定蛋白质

【实验目的】

① 掌握考马斯亮蓝染色法定量测定蛋白质的原理与方法。
② 熟练掌握分光光度计的使用和操作方法。

【实验原理】

考马斯亮蓝（coomassie brilliant blue）法（即 Bradford 法）测定蛋白质浓度，是利用蛋白质与染料结合的原理。考马斯亮蓝 G-250 存在着两种不同颜色形式，红色和蓝色。此染料与蛋白质结合后颜色由红色形式转变成蓝色形式，最大光吸收由 465nm 变成 595nm。在一定蛋白质浓度范围内，蛋白质-考马斯亮蓝复合物在 595nm 处的光吸收与蛋白质含量成正比，符合朗伯-比尔定律，故可用于蛋白质的定量测定。蛋白质和染料结合是一个很快的过程，约 2min 即可反应完全，呈现最大光吸收，并可稳定 1h 左右，因此测定过程快速，且不需要严格的时间控制。蛋白质染料复合物具有很高的消光系数，使得在测定蛋白质浓度时灵敏度很高，在测定溶液中蛋白质含量为 5μg/mL 时就有 0.275 光吸收值的变化，比 Lowry 法灵敏 4 倍，测定范围为 10~100μg 蛋白质，微量测定法测定范围是 1~10μg 蛋白质。此反应重复性好，精确度高，线性关系好。标准曲线在蛋白质浓度较大时稍有弯曲，这是由于染料本身的两种颜色形式光谱有重叠，试剂背景值随更多染料与蛋白质的结合而不断降低，但直线弯曲程度很轻，不影响测定。

该方法干扰物少，研究表明：NaCl、KCl、MgCl$_2$、乙醇、$(NH_4)_2SO_4$ 不干扰测定。强碱性缓冲液在测定中有一些颜色干扰，可以通过适当的缓冲液对照扣除其影响。Tris、乙酸、β-巯基乙醇、蔗糖、甘油、EDTA、微量的去污剂（如 Triton X-100、SDS）和玻璃去污剂均有少量颜色干扰，用适当的缓冲液对照很容易除掉。但是，大量去污剂的存在对颜色影响太大而不易消除。该法简单、迅速、干扰物质少、灵敏度高，现已广泛应用于蛋白质含量测定。

【试剂与器材】

1. 试剂

① 0.9％生理盐水。

② 考马斯亮蓝试剂：考马斯亮蓝 G-250 100mg 溶于 50mL 95％乙醇中，加入 100mL 85％磷酸（H_3PO_4），用蒸馏水稀释至 1000mL。最终试剂中含有 0.01％考马斯亮蓝 G-250，4.7％乙醇，8.5％磷酸。

③ 0.1mg/mL 蛋白质标准液：结晶牛血清蛋白，预先经凯氏定氮法测定蛋白氮含量，根据其纯度用 0.15mol/L 生理盐水配制成 0.1mg/mL 蛋白质溶液。

④ 两种未知浓度的蛋白质溶液。

2. 器材

可见光分光光度计、刻度移液管、移液枪。

【实验步骤】

1. 标准曲线的制作

① 取试管 6 支，按表 4-3 进行编号并加入试剂。

表 4-3 各试管加入试剂

试管编号	1	2	3	4	5	6
0.1mg/mL 标准蛋白质溶液/mL	0	0.2	0.4	0.6	0.8	1
0.9％生理盐水/mL	1	0.8	0.6	0.4	0.2	0
考马斯亮蓝溶液/mL	3	3	3	3	3	3
A_{595}						

② 加入 3.0mL 考马斯亮蓝 G-250 试剂后，充分振荡混合，放置 5min 后，测定 A_{595} 值。

③ 以 A_{595} 为纵坐标，标准蛋白质含量为横坐标，绘制标准曲线。

2. 测 A_{595}

取实验室预备的未知蛋白质溶液，各吸取样品提取液 1mL，加入考马斯亮蓝 G-250 试剂 3.0mL，充分振荡混合，放置 5min 后，测 A_{595} 值。

3. 求蛋白质含量

根据 A_{595} 值，在标准曲线上求出样品中蛋白质含量。

【注意事项】

① 如果测定要求很严格，可以在试剂加入后的 5～20min 内测定光吸收，因为在这段时间内颜色最稳定。

② 测定中，蛋白质-染料复合物会有少部分吸附于比色杯壁上，但此复合物的吸附量可以忽略。测定完后可用乙醇将蓝色的比色杯洗干净。

【思考题】

① Bradford 法测定蛋白质含量的原理是什么？应如何克服不利因素对测定的影响？

② 为什么标准蛋白质必须用凯氏定氮法测定纯度？

③ 根据蛋白质的呈色反应，测定蛋白质的方法还有哪些？根据所学知识推断各种测定方法有何优点、缺点。

④ 如果所测定的 A_{595} 值不在标准曲线内，该如何处理？

实验 17
紫外吸收法测定蛋白质浓度

【实验目的】

① 了解紫外吸收法测定蛋白质浓度的原理。
② 熟悉紫外分光光度计的使用。

【实验原理】

蛋白质中的苯丙氨酸、酪氨酸和色氨酸残基的苯环含有共轭双键，因此蛋白质具有吸收紫外光的性质，其最大吸收峰位于 280nm 附近。最大吸收波长处，吸光度与蛋白质溶液浓度的关系服从朗伯-比尔定律。紫外-可见吸收光谱法又称紫外-可见分光光度法，它是研究分子在 190~750nm 波长范围内的吸收光谱，是以溶液中物质分子对光的选择性吸收为基础而建立起来的一类分析方法。紫外-可见吸收光谱的产生是分子的外层价电子跃迁的结果，其吸收光谱为分子光谱，是带光谱。

蛋白质组成中常含有酪氨酸和色氨酸等芳香族氨基酸，在紫外光 280nm 波长处有最大吸收峰，一定浓度范围内其浓度与吸光度成正比，故可用紫外分光光度计通过比色来测定蛋白质的含量。利用紫外吸收法测定蛋白质含量的优点是迅速、简便、不消耗样品、低浓度盐类不干扰测定，因此，在蛋白质和酶的生化制备中（特别是在柱色谱分离中）得到广泛应用。此法的缺点是：①对于测定那些与标准蛋白质酪氨酸和色氨酸含量差异较大的蛋白质，有一定的误差；②若样品中含有嘌呤、嘧啶等吸收紫外光的物质，会出现较大的干扰。根据蛋白质和核酸的吸收峰不同，并利用这一性质，通过计算可以适当校正核酸的干扰作用。

【试剂与器材】

1. 试剂

① 酪蛋白标准溶液：1mg/mL。
② 样品液：血清，稀释 100 倍。

2. 器材

紫外可见分光光度计、容量瓶 100mL、试管、移液管、吸水纸、擦镜纸。

【实验步骤】

1. **标准曲线的绘制**

取 8 支干净试管，编号，按表 4-4 加入试剂（注意要做平行实验消除偶然误差，做空白实验消除系统误差）。

表 4-4　各试管加入试剂表

试管编号	0	1	2	3	4	5	6	7	8
1mg/mL 酪蛋白标准液	0	1.0	2.0	3.0	4.0	5.0	—	—	—
样品液	—	—	—	—	—	—	2.5	2.5	2.5
蒸馏水	5.0	4.0	3.0	2.0	1.0	0	2.5	2.5	2.5
A_{280}									

加毕，混匀，选用光程为 1cm 的石英比色杯，用紫外分光光度计测 A_{280}，以吸光度为纵坐标，蛋白质浓度为横坐标作图。

2. **测样品液蛋白质浓度**

将待测蛋白质溶液适当稀释，在 280nm 处测定出吸光度值，样品测量液吸光度值应在标准曲线适用范围内，根据标准曲线求出样品液蛋白质浓度。

【注意事项】

① 石英比色皿比较贵重，且易碎，使用时要小心。
② 绘制标准曲线时，配制的蛋白质溶液浓度要准确，作为标准溶液。
③ 测量吸光度时，比色皿要保持洁净，切勿用手污染其光面。

【思考题】

紫外分光光度法测定蛋白质含量的方法有何优缺点？受哪些因素的影响和限制？

实验 18
蛋白质含量测定（凯氏定氮法）

【实验目的】

① 学习凯氏定氮法测定蛋白质的原理。

② 掌握凯氏定氮法的操作技术，包括样品的消化处理、蒸馏、滴定及蛋白质含量计算等。

【实验原理】

大多数蛋白质的含氮量平均为 16%，所以将测得的蛋白质的含氮量乘以蛋白质系数 6.25（即每含氮 1g，就表示该物质含蛋白质 6.25g），即可计算出蛋白质的含量。蛋白质（或其他含氮有机化合物）与浓 H_2SO_4 共热时，其中碳、氢两种元素被氧化成 CO_2 和 H_2O，而氮元素转变成 NH_3，并进一步与 H_2SO_4 反应生成 $(NH_4)_2SO_4$，残留于消化液中，该过程通常称为"消化"。以甘氨酸为例：

$$H_2NCH_2COOH + 3H_2SO_4 \longrightarrow 2CO_2 + 3SO_2 + 4H_2O + NH_3$$

$$2NH_3 + H_2SO_4 \longrightarrow (NH_4)_2SO_4$$

消化完毕后，加入过量浓碱使消化液中的 $(NH_4)_2SO_4$ 分解放出 NH_3，以蒸馏法通过水蒸气蒸出 NH_3，并用一定量、一定浓度的 H_3BO_3 溶液吸收。NH_3 与酸溶液中 H^+ 结合成 NH_4^+，使溶液中的 H^+ 浓度降低，然后用标准强酸（如盐酸）滴定，直至恢复溶液中原来的 H^+ 浓度为止。

$$(NH_4)_2SO_4 + 2NaOH \longrightarrow Na_2SO_4 + 2NH_4OH$$

$$NH_4OH \longrightarrow NH_3 + H_2O$$

$$3NH_3 + H_3BO_3 \longrightarrow 3NH_4^+ + BO_3^{3-}$$

$$BO_3^{3-} + 3H^+ \longrightarrow H_3BO_3$$

最后根据所用标准酸的量计算出样品中的含氮量，含氮量乘以蛋白质系数 6.25 即可计算出蛋白质的含量。但是，该反应进行得很缓慢，消化费时较长，通常需加入 K_2SO_4 或 Na_2SO_4 以提高反应液的沸点，并加入 $CuSO_4$ 作为催化剂，以加速反应进行；氧化剂 H_2O_2 也能加速反应。

【试剂与器材】

1. 试剂

① 消化液：30% H_2O_2：浓 H_2SO_4：H_2O = 3：2：1（体积比）。

② 30% NaOH 溶液。

③ 2% H_3BO_3 溶液。

④ 混合催化剂（粉末 K_2SO_4、$CuSO_4$ 混合物）：K_2SO_4 与 $CuSO_4$ 以质量比 3：1 充分研细混匀。

⑤ 0.01mol/L 标准盐酸溶液。

⑥ 混合指示剂（田氏指示剂）：取 0.1% 亚甲基蓝-无水乙醇溶液 50mL、0.1% 甲基红-无水乙醇溶液 200mL，混合，贮于棕色瓶中备用。该指示剂酸性时为紫红色，碱性时为绿色，变色范围很窄（pH 5.2～5.6）且很灵敏。

2. 器材

凯氏定氮烧瓶、凯氏定氮仪、凯氏定氮消化炉、电子天平、小玻璃珠、滴定管、洗瓶、锥形瓶、铁架台、普通面粉或其他样品、容量瓶、烘箱。

【实验步骤】

1. 样品处理

样品若是液体，如血清、稀释蛋清等，可取一定体积直接消化测定；若是固体样品，一般是用 100g 该物质（干重）中所含氮的质量（以 g 计）来表示（%）。因此在消化前，应先将固体样品中的水分除掉。一般样品烘干的温度都采用 105℃，因为非游离的水都不能在 100℃ 以下烘干。取一定量磨细的样品放入已称重的称量瓶内，然后置于 105℃ 的烘箱内持续干燥 4h，用坩埚钳将称量瓶取出放入干燥器内，待降至室温后称重。按上述操作继续烘干样品，每干燥 1h 重复称量一次，直至两次称量数值不变，即达到恒重。精确称量已达恒重的面粉 0.1g，作为本实验的样品。

2. 消化

（1）编号

取清洁干燥凯氏烧瓶 4 个，标号后各加数粒玻璃珠。

（2）加样

在 1 号、2 号瓶中各加样品 0.1g，混合催化剂 0.2g，消化液 5mL。注意加样品时应直接送入瓶底，而不要沾在瓶口和瓶颈上。在 3 号及 4 号瓶中各加蒸馏水 0.1mL 代替样品，其他试剂同样品瓶，作为对照，用以测定试剂中可能含有的微量含氮物质。

(3) 加热消化

每个瓶口放一漏斗,在通风橱内,于电炉上加热消化。开始消化时应以微火加热,不要使液体冲到瓶颈或冲出瓶外,否则将严重影响测定结果。待瓶内水汽蒸完,H_2SO_4 开始分解并放出 SO_3 白烟后,适当加强火力,使瓶内液体微微沸腾。继续消化,直至消化液呈透明淡绿色为止。

(4) 定容

消化完毕,静置,待烧瓶中液体冷却后,缓慢沿瓶壁加蒸馏水 10mL,随加随摇。冷却后将瓶内液体倾入 50mL 的容量瓶中,并以少量蒸馏水洗烧瓶数次,将洗液并入容量瓶中,并加水稀释到刻度,混匀备用。

3. 使用自动凯氏定氮仪加碱蒸馏收集氨气

4. 滴定

全部蒸馏完毕后,用 0.01mol/L 标准盐酸溶液滴定各锥形瓶中收集的 NH_3,滴定终点为 H_3BO_3 指示剂溶液由绿变为淡紫色。待样品和空白消化液均蒸馏收集完毕,同时进行滴定。

5. 数据记录

实验数据记录于表 4-5 中。

表 4-5 数据记录表

项目	第一次	第二次	第三次
样品消化液/mL			
滴定消耗盐酸标准溶液/mL			
消耗盐酸标准溶液平均值/mL			

6. 根据公式计算

$$X = \frac{(V_1 - V_2) \times c \times 14.0}{\frac{m}{100} \times 10} \times F \times 100$$

式中 X——样品蛋白质含量,g/100g;

V_1——样品滴定消耗盐酸标准溶液体积,mL;

V_2——空白滴定消耗盐酸标准溶液体积,mL;

c——盐酸标准滴定溶液浓度,mol/L;

14.0——氮元素摩尔质量,g/mol;

m——样品的质量,g;

F——氮换算为蛋白质的系数,一般食物为 6.25;乳制品为 6.38;面粉为 5.70;高粱为 6.24;花生为 5.46;米为 5.95;大豆及其制品为 5.71；肉与肉制品为 6.25；大麦、小米、燕麦、裸麦为 5.83；芝麻、向日葵为 5.30。

计算结果保留三位有效数字。

【注意事项】

① 该法也适用于半固体试样以及液体样品检测。半固体试样一般取样范围为 2.00～5.00g；液体样品取样范围为 10.0～25.0mL（约相当于氮 30～40mg）。若检测液体样品，结果以 g/100mL 表示。

② 消化时，若样品含糖高或含脂较多时，注意控制加热温度，以免大量泡沫喷出凯氏烧瓶，造成样品损失。可加入少量辛醇或液体石蜡，或硅消泡剂减少泡沫产生。

③ 消化时应注意旋转凯氏烧瓶，将附在瓶壁上的碳粒冲下，对样品彻底消化。若样品不易消化至澄清透明，可将凯氏烧瓶中溶液冷却，加入数滴过氧化氢后，再继续加热消化至完全。

④ 硼酸吸收液的温度不应超过 40℃，否则氨吸收减弱，造成检测结果偏低，可把接收瓶置于冷水浴中。

⑤ 在重复性条件下获得两次独立测定结果的绝对差值不得超过算术平均值的 10%。

⑥ 一般样品消化终点为溶液呈透明淡绿色或无色透明，若带有黄色表示消化不完全；另一方面，消化液的颜色亦常因样品成分的不同而异。因此，每测一新样品时，最好先试验一下需多少时间才能使样品中的有机氮全部变成无机氮，以后即以此时间为标准。本实验到消化液呈透明淡绿色时即消化完全，消化时间过长，会引起氨的损失，同样影响测定结果。

⑦ NH_3 蒸馏时，为了使所有 $(NH_4)_2SO_4$ 都分解放出 NH_3，必须加入足量的 30% NaOH。加入时应缓慢，碱加入后，有 $[Cu(NH_3)_2]^+$、$Cu(OH)_2$ 或 CuO 等化合物生成，溶液呈蓝色或褐色，并有胶状沉淀产生，这是正常现象，反之如果颜色不变，说明碱液可能不够。

【思考题】

① 蒸馏时为什么要加入氢氧化钠溶液？加入量对测定结果有何影响？

② 在蒸汽发生瓶的水中加甲基红指示剂数滴及数毫升硫酸的作用是什么？若在蒸馏过程中才发现蒸汽发生瓶中的水变为黄色，马上补加硫酸行吗？

③ 实验操作过程中，影响测定准确性的因素有哪些？

实验 19
BCA 法测定蛋白质含量

【实验目的】

掌握 BCA 法测定蛋白质浓度的原理和方法。

【实验原理】

BCA（2,2-联喹啉-4,4-二甲酸二钠）是一种稳定的水溶性复合物，与硫酸铜等试剂组成的混合液呈苹果绿色，即 BCA 工作试剂。在碱性条件下，二价铜离子可以被蛋白质还原成一价铜离子，一价铜离子可以和 BCA 相互作用，两分子的 BCA 螯合一个铜离子，形成紫色的络合物，该复合物为水溶性，在 562 nm 处有强烈的光吸收，在一定浓度范围内（20~200μg/mL），吸光度与蛋白质含量呈良好的线性关系，因此可以根据待测蛋白质在 562nm 处的吸光度计算待测蛋白质浓度。

【试剂与器材】

1. 试剂

① BCA 定量试剂盒：含 A 液和 B 液。

A 液：BCA 碱性溶液（配方：1% BCA 二钠盐，0.4%氢氧化钠，0.16%酒石酸钠，2%无水碳酸钠，0.95%碳酸氢钠，这些液体混合后再调 pH 至 11.25）。

B 液：4%硫酸铜。

② BCA 工作液：将 A 液和 B 液摇晃混匀，按照 A∶B＝50∶1（体积比）的比例配制 BCA 工作液，充分混匀（BCA 工作液室温下 24h 内稳定，故现用现配）。

③ 蛋白质标准溶液：取牛血清白蛋白（BSA），用生理盐水配制成 1.5mg/mL 的蛋白质标准溶液。

④ 未知浓度的蛋白质待测样品。

2. 器材

紫外可见分光光度计、恒温水浴锅、移液枪、试管。

【实验步骤】

1. 制作标准曲线与样品测试

取洁净干燥的试管 9 支,按表 4-6 编号、加液和进行操作。

表 4-6 BCA 法测定蛋白质浓度标准曲线的制作及样品测试

试剂	对照管	标准管					样品管
	0	1	2	3	4	5	6、7、8
蛋白质标准液(1.5mg/mL)/μL	—	20	40	60	80	100	—
蒸馏水/μL	100	80	60	40	20	0	50
待测样品/μL	—	—	—	—	—	—	50
BCA 工作液/mL	2.0	2.0	2.0	2.0	2.0	2.0	2.0
处理	混匀,37℃孵育 30min,测定 562 nm 波长处吸光度						
A_{562}							

以表 4-6 中各标准管 A_{562} 值为纵坐标,对应各管浓度为横坐标绘制标准曲线,求出标准曲线方程,并考察线性关系。

2. 计算未知蛋白质浓度

将表 4-6 样品管 A_{562} 值代入标准曲线方程,计算蛋白质浓度。

【注意事项】

① 蛋白质与 BCA 工作液反应形成复合物,在 60℃ 15~30min 或 25℃ 室温反应过夜时稳定性佳。在 37℃ 30min 或 25℃ 室温反应 2h,反应尚未达到终点,一般 A_{562} 值会每 10min 升高约 2.3%。在测定样品量较少时(30 管左右),测定精度不受明显影响。

② BCA 法在样品中含有脂类物质时,吸光度会明显升高。样品中葡萄糖或 EDTA 浓度大于 10mmol/L 时不能使用此法。

③ 每次测样时应单独制备标准曲线。

【思考题】

总结 BCA 法测定蛋白质含量的优缺点。

实验 20
氨基酸的分离鉴定（纸色谱法）

【实验目的】

① 通过对氨基酸的分离，学习运用纸色谱法分离混合物的基本原理，掌握纸色谱的操作方法。

② 学习未知样品的氨基酸成分分析的方法。

【实验原理】

1903年，科学家发现用挥发油冲洗菊粉柱时，可将叶子的色素分成许多颜色的层圈。此后，把这种利用有色物质在吸附剂上因吸附能力不同而得到分离的方法称为色谱法（chromatography）。虽然后来将色谱法也应用于无色物质分离，但是这个名字一直沿用下来。

色谱法除了吸附色谱以外，还有离子交换色谱和分配色谱。一般认为纸色谱是分配色谱中的一种，但也并存着吸附和离子交换作用。

分配色谱是利用不同的物质在两个互不相溶的溶剂中的分配系数不同而对物质进行分离的，通常用 α 表示分配系数。

$$\alpha = \frac{溶质在固定相的浓度(c_S)}{溶质在流动相的浓度(c_L)}$$

一个物质在某溶剂系统中的分配系数，在一定的温度下是一个常数。

纸色谱（paper chromatography，简称PC），是以滤纸作为惰性支持物的分配色谱，滤纸纤维上有亲水性的羟基，通过吸附一层水作为固定相，通常把有机溶剂作为流动相。有机溶剂自上而下流动称为下行色谱，自下而上流动称为上行色谱。流动相流经支持物时，与固定相之间连续抽提，使物质在两相间不断分配而得到分离。物质被分离后在纸色谱图谱上的位置用 R_f（rate of flow）值（比移值）来表示（图4-2）：

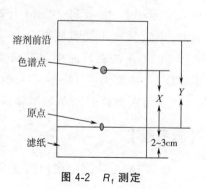

图 4-2 R_f 测定

R_f 值 = 原点到色谱点中心的距离 X/原点到溶剂前沿的距离 Y

在一定条件下某种物质的 R_f 值是常数,其大小受物质的结构、性质、溶剂系统物质组成与比例、pH 值、选用滤纸质地和温度等多种因素影响。此外,样品中的盐分、其他杂质以及点样过多均会影响有效分离。影响 R_f 值的因素主要有以下几个方面。

① 物质结构的影响:极性物质易溶于极性溶剂(水)中,非极性物质易溶于非极性溶剂(有机溶剂)中,所以物质的极性大小决定了物质在水和有机溶剂之间的分配情况。例如酸性和碱性氨基酸极性大于中性氨基酸,所以前者在水(固定相)中分配较多,因此 R_f 低于后者。

—CH_2—是疏水性基团,如果分子中极性基团数目不变,则—CH_2—增加,整个分子的极性就降低,因此易溶于有机溶剂(流动相)中,R_f 值亦随之增加,例如氨基酸的 R_f 值:甘氨酸<丙氨酸<亮氨酸;二羧基氨基酸中,天冬氨酸<谷氨酸。

极性基团的位置不同也会引起 R_f 变化,例如在正丁醇-甲酸-水系统中进行色谱时,α-丙氨酸的 R_f 值大于 β-丙氨酸。

② 溶剂的影响:同一物质在不同溶剂中 R_f 值不同,选择溶剂系统时应使被分离物质在适当 R_f 值范围内(0.005~0.85 之间),并且不同物质的 R_f 至少差别为 0.05 才能彼此分开。

溶剂的极性大小也影响物质的 R_f 值。在用与水互溶的脂肪醇作为溶剂时,氨基酸的 R_f 值随着溶剂碳原子数目增加而降低。

③ pH 的影响:溶剂系统的 pH 会影响物质极性基团的解离形式,如对于酸性氨基酸,在酸性时所带净电荷比碱性时少,带电荷越少亲水性越小,因此在酸性溶剂中 R_f 值较在碱性溶剂中的大,而碱性氨基酸则与此相反。借此性质用酸性和碱性溶剂进行双向色谱,可达到使酸碱性不同的氨基酸分离的目的。

溶剂的 pH 还可影响有机溶剂(流动相)含水量,溶剂酸碱度大,则含水量多。对于极性物质如氨基酸来说 R_f 值增加,非极性物质则减少。若 pH 不适合,使同种物质有不同解离形式,其 R_f 也略有不同,则此物质色谱呈带状图谱。因此溶剂中的酸或碱的含量必须足够,并且色谱缸(或箱)中酸或碱的气体饱和才可以防止出现上述现象,使物质进行色谱后得到圆点状图谱。

④ 滤纸的影响:色谱滤纸必须质地均匀、紧密,有一定机械强度,并且杂质较少,如纸中含有 Ca^{2+}、Mg^{2+}、Cu^{2+} 等金属离子杂质,可与氨基酸形成络合物使色谱图谱出现阴影,可用稀酸(0.01mol/L 或 0.4mol/L HCl)洗涤滤纸将之除去。

⑤ 温度的影响：温度不仅影响物质在溶剂中的分配系数，而且影响溶剂相的组成及纤维素的水合作用。温度变化对 R_f 值影响很大，所以色谱最好在恒温室中进行，应控制温度相差不超过 ±0.5℃。

除上述因素影响 R_f 值外，样品中若含有盐分和其他杂质以及点样过多均会影响样品的有效分离。

无色物质的纸色谱图谱可用光谱法（紫外光照射）或显色法鉴定，氨基酸纸色谱图谱常用茚三酮或吲哚醌作为显色剂，本实验采用茚三酮作为显色剂。

【试剂与器材】

1. 试剂

（1）扩展剂

4份水饱和的正丁醇和1份冰醋酸的混合物。将20mL正丁醇与5mL冰醋酸放入分液漏斗中与15mL水混合，充分振荡，静置后分层，放出下层水层，取漏斗内的扩展剂约5mL置于小烧杯中作平衡溶剂，其余的倒入培养皿中备用。

（2）氨基酸溶液

5mg/mL 的赖氨酸、甘氨酸、脯氨酸、谷氨酸、丙氨酸、亮氨酸溶液以及它们的混合液。

（3）显色剂

0.5% 水合茚三酮正丁醇溶液。

2. 器材

色谱缸、毛细管、喷壶、培养皿、电吹风机、色谱滤纸、针线、直尺。

【实验步骤】

① 将盛有平衡溶剂的小烧杯置于密闭的色谱缸中，取长22cm、宽14cm的色谱滤纸一张，在滤纸的一端距边缘2~3cm处用铅笔画一条直线，在此直线上每间隔2cm作一记号，等待点样。

② 点样：用毛细管将各氨基酸样液分别点在7个位置上，注意一定要每个点用一个毛细管，避免混用污染。样点干燥后再点2~3次，每点在滤纸上的扩散直径范围在3mm内为最佳。

③ 扩展：用针线将滤纸缝成圆筒状，注意纸的两边不能接触，留一定缝隙（图4-3）。将盛有约20mL扩展剂的培养皿迅速置于密闭的色谱缸中，并

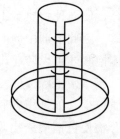

图4-3 扩展

将滤纸垂直立于培养皿中，点样的一端在下，扩展剂的液面需低于点样线 1cm，待溶剂上升至距离滤纸上端 2cm 左右时取出滤纸，用铅笔在溶剂前沿画一边界线，自然干燥或用电吹风机吹干溶剂。

④ 显色：用喷雾器均匀喷上 0.5% 茚三酮正丁醇溶液，然后置 100℃ 烘箱烘烤 5min 或用吹风机热风吹干即可显出各色谱斑点。

⑤ 计算各种氨基酸的 R_f 值。

【注意事项】

① 防止污染，操作过程中应将手洗干净或者戴手套操作，滤纸应平放到洁净的纸上，不可直接放到操作台上，防止样品及滤纸受到污染。

② 注意控制点样点的位置和直径，点样直径控制在 5mm，不可过大，防止色谱后氨基酸斑点过度扩散引起样品间的重叠。

③ 重复点样时可用吹风机的冷风吹干样品，喷了茚三酮后的显色则要用热风吹干滤纸。

【思考题】

① 该实验中，固定相和流动相分别是什么？

② 为什么不同的氨基酸有不同的 R_f 值，影响本实验 R_f 值精确性的因素有哪些？

实验 21
血清蛋白质醋酸纤维素薄膜电泳

【实验目的】

① 了解血清蛋白质醋酸纤维素薄膜电泳的基本原理和操作。
② 掌握血清蛋白质的分类及其临床意义。

【实验原理】

带电质子在电场作用下，会向两极移动；带正电荷的移向负极，带负电荷的移向正极，这种现象称为电泳。电泳现象早在 19 世纪初期就被人们发现了，并用于胶体化学中，但是电泳技术的广泛应用则在 20 世纪 40 年代左右。近年来各种类型的电泳技术发展十分迅速，例如，纸电泳、醋酸纤维素薄膜电泳、纤维素或淀粉粉末电泳、淀粉凝胶电泳、琼脂糖凝胶电泳、聚丙烯酰胺凝胶电泳等。在电泳形式上更是丰富多样，有在溶液中进行的，有将支持物做成薄膜或薄层的，也有做成平板的或柱状的。由于与光学系统和自动收集器相结合，又组成了等电聚焦仪、等速电泳仪等等，大大发展和扩大了电泳技术的应用范围。

任何一种物质的质点，由于其本身在溶液中的解离或由于其表面对其他带电质点的吸附，会在电场中向一定的电极移动。例如，氨基酸、蛋白质、酶、激素、核酸及其衍生物等物质都具有许多可解离的酸性和碱性基团，它们在溶液中会解离而带电。一般说来，在碱性溶液中（即溶液的 pH 值大于等电点 pI），分子带负电荷，在电场中向正极移动。而在酸性溶液中，分子带正电荷，在电场中向负极移动（图 4-4）。移动的速度取决于带电的多少和分子的大小。

本实验采用的醋酸纤维素薄膜电泳是以醋酸纤维素薄膜为支持物。它是纤维素的醋酸酯，由纤维素的羟基经乙酰化形成。它溶于丙酮等有机溶液中，即可涂布成均一细密的微孔薄膜。醋酸纤维素薄膜对蛋白质样品吸附极少而无"拖尾"现象，快速省时、灵敏度高、样品用量少、操作简单，目前已广泛用于分析检测血浆蛋白、脂蛋白、糖蛋白、甲胎蛋白、体液、脊髓液、脱氢酶、多肽、核酸及其他生物大分子，为心血管疾病、肝硬化及某些癌症鉴别诊断提

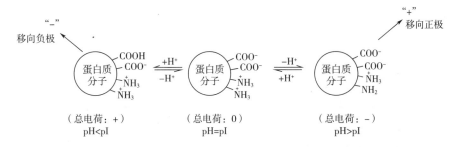

图 4-4 不同 pH 条件下蛋白质分子在电场中运动状态示意图

供了可靠的依据,因而已成为医学和临床检验的常规技术。

血清中蛋白质的种类很多,它们大多在肝内合成,但生理功能各不相同。在正常情况下,由肝脏合成的白蛋白(又称清蛋白)、α球蛋白、β球蛋白,在血清中的浓度常在一定范围内波动,且 A(白蛋白)/G(球蛋白)比值维持在 1.5~2.5 之间。但在某些病理条件下,血清蛋白质的含量常发生改变,如肾病综合征、慢性肾小球肾炎患者,其血清蛋白含量降低,而 α_2 球蛋白、β球蛋白则升高;肝硬化患者,其血清白蛋白含量显著降低,其球蛋白总量则明显升高,γ球蛋白可达正常的 2~3 倍,故 A/G 比值下降,甚至可出现白蛋白<球蛋白,使 A/G 比值<1,称为白球倒置。

血清中含有多种蛋白质,其等电点各不相同,一般均低于 pH 7.3。它们在 pH 8.6 的缓冲液中均离解带负电荷,电泳移向正极。

由于血清中各种蛋白质的分子所带的电荷及形状、大小各不相同,在电场中泳动的速度也不同,故可用电泳法将其分离。醋酸纤维素薄膜电泳系以醋酸纤维素薄膜为支持体,分离血清蛋白,分离后的蛋白质用氨基黑 10B 染色,通常可得到白蛋白和 α_1 球蛋白、α_2 球蛋白、β球蛋白及γ球蛋白的电泳区带。区带颜色深浅与蛋白质含量成正比,故可通过比色计算出血清中白蛋白及球蛋白的相对含量。

几种血清蛋白的等电点、平均分子量见表 4-7。

表 4-7 几种血清蛋白的等电点、平均分子量

蛋白质种类	白蛋白	球蛋白			
		α_1	α_2	β	γ
等电点	4.88	5.06	5.06	5.06	6.85~7.3
分子量(万)	6.9	20	30	9~15	15.6~30

【试剂与器材】

1. 试剂

① 巴比妥缓冲液（pH 8.6）：称取巴比妥钠 15.458g 和巴比妥 2.768g，溶于 1000mL 蒸馏水中。

② 氨基黑 10B 染色液：取氨基黑 10B 0.5g，加冰醋酸 10mL 及甲醇 50mL，混匀，用蒸馏水稀释至 100mL。

③ 洗脱液：取 95 ％乙醇 45mL，加冰醋酸 5mL，混匀，用蒸馏水稀释至 100mL。

④ 0.4mol/L NaOH 溶液。

⑤ 人体血清。

2. 器材

试管及试管架、刻度吸管或移液器、微量加样器、培养皿、染色缸、洗脱缸、剪刀、镊子、滤纸、醋酸纤维素薄膜、电泳仪、分光光度计。

【实验步骤】

1. 薄膜的处理

（1）切条

将醋酸纤维素薄膜裁剪成 8cm×2cm 的长条。

（2）浸泡

将裁剪好的醋酸纤维素薄膜浸入 pH 8.6 的巴比妥缓冲液中，浸泡时间约 30min。

（3）制备

待薄膜完全浸透后，用竹镊子轻轻取出，将薄膜的无光泽面向上，平铺在滤纸上，其上再放一张干净的滤纸，轻压，吸去多余的缓冲液。

2. 点样

洗净手，将薄膜毛面向上，用微量加样器吸取 2～3μL 血清，均匀地涂在载玻片一端的截面处，垂直均匀地点在距膜端 1.5cm 划线处，待血清全部渗入膜内后，将载玻片拿开（图 4-5）。

图 4-5 醋酸纤维素薄膜规格及点样位置示意图（虚线处为点样位置）

3. 检查电泳仪

检查电源是否连好，电泳仪与电泳槽的电极连接是否正确，注意正负极不要接错。

4. 电泳

将点好样的薄膜毛面向下（以防水分蒸发干燥），置电泳槽纱布（或滤纸）联桥上（薄膜应放正，否则电泳图谱不整齐），点样端为阴极端，平衡 5min。接通电源，调节电压 10～15V/cm（以长计），电流 0.4～0.6mA/cm（以宽计），通电 60min（图 4-6）。

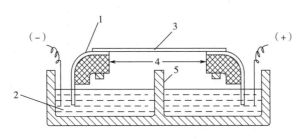

图 4-6 电泳装置剖视示意图

1—滤纸桥；2—电泳槽；3—醋酸纤维素薄膜；4—电泳槽膜支架；5—电极室中央隔板

5. 染色

关闭电源，取出薄膜，浸入氨基黑 10B 染色液中 10min。

6. 洗脱

在三个洗脱缸中依次浸泡，每次约 10min，直到背景无色、区带清晰为止，取出晾干，然后根据电泳标准图辨认各蛋白质区带（图 4-7）。

图 4-7 血清蛋白醋酸纤维素薄膜电泳图谱

7. 测定

将各区带剪下，置于相应标记的大试管中，同时在该薄膜上的空白处（应无任何污染），剪下一条与 α_1 球蛋白面积形状相近的区带，置于一大试管中，作为空白对照。然后每管加 0.4mol/L NaOH 4mL，不断振摇 30min，使染色的蛋白质浸出，在 620nm 波长进行比色，以空白调零点，测各管吸光度分别为 OD_A、OD_{α_1}、OD_{α_2}、OD_β、OD_γ。按下列方法计算血清中各部分蛋白质所占百分率。

8. 计算

先计算光吸收值总和（简称为 T）

$$T = OD_A + OD_{\alpha_1} + OD_{\alpha_2} + OD_\beta + OD_\gamma$$

再计算血清各部分蛋白质所占百分率。

计算公式　　　　　　　　　　　　　　　　　　正常值

$$白蛋白 = \frac{OD_A}{T} \times 100\% \qquad\qquad 54\% \sim 73\%$$

$$\alpha_1 \text{ 球蛋白} = \frac{OD_{\alpha_1}}{T} \times 100\% \qquad\qquad 2.78\% \sim 5.10\%$$

$$\alpha_2 \text{ 球蛋白} = \frac{OD_{\alpha_2}}{T} \times 100\% \qquad\qquad 6.3\% \sim 10.6\%$$

$$\beta \text{ 球蛋白} = \frac{OD_\beta}{T} \times 100\% \qquad\qquad 5.2\% \sim 11.0\%$$

$$\gamma \text{ 球蛋白} = \frac{OD_\gamma}{T} \times 100\% \qquad\qquad 12.5\% \sim 20.0\%$$

【注意事项】

① 醋酸纤维素薄膜一定要完全浸透，如有任何斑点、污染或划痕，均不能使用。用滤纸吸去浸泡后的薄膜表面的缓冲液时不可吸得过干。

② 搭在阴阳两极上的薄膜完全和盐桥接触。多个膜条进行电泳时，相邻膜条之间应留出至少 1mm 的间隙，不能相互接触。

③ 电泳时间长短，应以血清各组分最佳分离效果为标准，一般是当移动最快的血清白蛋白距阳极端约 1cm 处时停止电泳。

④ 电泳过程中可产生大量的热，在炎热的夏天应使用水冷却装置降温，否则会对电泳图谱造成一定的影响。

⑤ 点样是本实验的关键。点样时应将薄膜表面多余的缓冲液吸去，以免缓冲液太多引起样品扩散，但也不能吸得太干，太干样品不易进入薄膜的网孔内，造成电泳起始点参差不齐，影响分离效果。

⑥ 点样量不能过大，否则各蛋白区带易拖尾，分离效果不好。点样量在 $0.1 \sim 5\mu L$ 范围内为宜。

【思考题】

① 血清蛋白质的电泳分析有何临床意义？

② 一蛋白质等电点为 pH 4.88，而另一蛋白质等电点为 pH 9.4，它们在 pH 8.6 的缓冲液中应带什么电荷？在电场中的电泳方向如何？

③ 为什么将薄膜的点样端放在盐桥的阴极端？

实验 22
聚丙烯酰胺凝胶电泳分离血清蛋白

【实验目的】

学习 SDS-聚丙烯酰胺凝胶电泳法（SDS-PAGE）测定蛋白质分子量的原理和基本操作技术。

【实验原理】

蛋白质是两性电解质，在一定的 pH 条件下解离而带电荷。当溶液的 pH 大于蛋白质的等电点（pI）时，蛋白质本身带负电，在电场中将向正极移动；当溶液的 pH 小于蛋白质的等电点时，蛋白质带正电，在电场中将向负极移动；蛋白质在特定电场中移动的速度取决于其本身所带的净电荷的多少、蛋白质颗粒的大小和分子形状、电场强度等。

聚丙烯酰胺凝胶是由一定量的丙烯酰胺和双丙烯酰胺聚合而成的三维网孔结构。聚丙烯酰胺凝胶电泳分为连续系统与不连续系统两大类，前者电泳体系中缓冲液 pH 值及凝胶浓度相同，带电颗粒在电场作用下，主要靠电荷及分子筛效应；后者电泳体系中由于缓冲液离子成分、pH、凝胶浓度及电位梯度的不连续性，带电颗粒在电场中泳动不仅有电荷效应、分子筛效应，还具有浓缩效应，因而其分离条带清晰度及分辨率均较前者佳。

本实验采用不连续凝胶系统，调整双丙烯酰胺用量的多少，可制成不同孔径的两层凝胶，当含有不同分子量的蛋白质溶液通过这两层凝胶时，受阻滞的程度不同而表现出不同的迁移率。由于上层胶的孔径较大，不同大小的蛋白质分子在通过大孔胶时，受到的阻滞基本相同，以相同的速率移动；当进入小孔胶时，分子量大的蛋白质移动速度减慢，在两层凝胶的界面处，样品被压缩成很窄的区带。SDS-聚丙烯酰胺凝胶电泳法则在聚丙烯酰胺凝胶中加入了一定浓度的十二烷基硫酸钠（SDS），由于 SDS 带有大量的负电荷，且这种阴离子表面活性剂能使蛋白质变性，特别是在强还原剂如巯基乙醇存在下，蛋白质分子内的二硫键被还原，肽链完全伸展，使蛋白质分子与 SDS 充分结合，形成带负电性的蛋白质-SDS 复合物，此时，蛋白质分子上所带的负电荷量远远超过蛋白质分子原有的电荷量，掩盖了不同蛋白质间所带电荷上的差异。蛋白质分子量愈小，在电场中移动得愈快；反之，愈慢。蛋白质分子量在15000～200000的范围内，电泳迁移率与分子量的对数之间呈线性关系。蛋白质的相对迁移率 R_m＝蛋白质样品的迁移距离/染料（溴酚蓝）的迁移距离。这样，在同一电场中进行电泳，对标准蛋白质的相对迁移率与相应的蛋白质分子量对数作图，由未知蛋白质的相对迁移率可从标准曲线上求出它的分子量。

血清蛋白在纸或醋酸纤维素薄膜电泳中，只能分离出 5～6 条区带，而聚丙烯酰胺电泳却可分离出数十条区带，因而，目前 PAGE 已广泛用于科研及临床诊断领域，如酶、核酸、血清蛋白、脂蛋白的分离及病毒、细菌提取液的分离等。SDS-聚丙烯酰胺凝胶电泳法测定蛋白质的分子量具有简便、快速、重复性好的优点，是目前一般实验室常用的测定蛋白质分子量的方法。

【试剂与器材】

1. 试剂

① 标准蛋白混合液：内含磷酸化酶（分子量 94000），牛血清蛋白（分子量 67000），肌动蛋白（分子量 43000），磷酸酐酶（分子量 30000）和溶菌酶（分子量 14000）。

② 30％凝胶贮备液：丙烯酰胺（Acr）30g，亚甲基双丙烯酰胺（Bis）0.8g，加蒸馏水至 100mL。

③ 分离胶缓冲液（1.5mol/L）：三羟甲基氨基甲烷（Tris）18.15g，加水溶解，6mol/L HCl 调 pH 8.9，定容至 100mL。

④ 浓缩胶缓冲液（0.5mol/L）：Tris 6g，加水溶解，6mol/L HCl 调 pH 6.8，并定容到 100mL。

⑤ 电极缓冲液（pH8.3）：SDS 1g，Tris 6g，甘氨酸（Gly）28.8g，加水溶解并定容到 1000mL，用时稀释 5 倍。

⑥ 10％ SDS。

⑦ 10％过硫酸铵（新鲜配制）。

⑧ 1％四甲基乙二胺（TEMED）。

⑨ 上样缓冲液：0.5mol/L Tris-HCl（pH 6.8）1.25mL，50％甘油 4mL，10％ SDS 2mL，巯基乙醇 0.4mL，0.1％溴酚蓝 0.4mL，加蒸馏水定容至 10mL。

⑩ 0.25％考马斯亮蓝 R-250 染色液：考马斯亮蓝 R-250 1.25g，50％甲醇 454mL，冰醋酸 46mL。

⑪ 脱色液：冰醋酸 35mL，蒸馏水 465mL。

⑫ 新鲜不溶血的人或动物血清。

2. 器材

垂直板电泳槽、电泳仪、长滴管及微量加样器、烧杯（250mL、500mL）、量筒（500mL、250mL）、培养皿（15cm×15cm）、注射器、滴管等。

【实验步骤】

1. 装板

将密封用硅胶框放在平玻璃上，然后将凹型玻璃与平玻璃重叠，将两块玻璃立起来使底端接触桌面，用手将两块玻璃夹住放入电泳槽内，然后插入斜插板到适中程度，即可灌胶。

2. 凝胶的聚合

分离胶和浓缩胶的制备：按表4-8中溶液的顺序及比例，配制10%的分离胶和4.8%的浓缩胶。

表4-8 分离胶与浓缩胶制备所用试剂

试剂名称	10%的分离胶/mL	4.8%的浓缩胶/mL
30% Acr/Bis	5	1.6
分离胶缓冲液（pH 8.9）	3.75	0
浓缩胶缓冲液（pH 6.8）	0	1.25
10% SDS	0.15	0.1
10% 过硫酸铵	0.1	0.1
水	5	4.95
TEMED	1	1

按表4-8将各溶液加入混匀后配制成分离胶，用滴管将凝胶液沿凝胶腔的长玻璃板的内面缓缓加入，小心不要产生气泡。将胶液加到距短玻璃板上沿2cm处为止，约5mL。然后用细滴管或注射器仔细注入少量水，约0.5～1mL。室温放置聚合30～40min。待分离胶聚合后，用滤纸条轻轻吸去分离胶表面的水分，按表4-8制备浓缩胶。用长滴管小心加到分离胶的上面，插入样品模子（梳子）；待浓缩胶聚合后，小心拔出样品模子。

3. 蛋白质样品的处理

若标准蛋白质或欲分离的蛋白质样品是固体，称1mg的样品溶解于1mL 0.5mol/L pH 6.8 的Tris-盐酸缓冲液或蒸馏水中；若样品是液体，要先测定蛋白质浓度，按1.0～1.5mg/mL溶液比例，取蛋白质样液与样品处理液等体积混匀。本实验所用样品为 15～20μg 的标准蛋白质样品溶液，放置在 0.5mL 的离心管中，加入 15～20μL 的样品处理液，在 100℃水浴中处理 2min，冷却至室温后备用。吸取未知分子量的蛋白质样品 20μL，按照标准蛋白质的处理方法进行处理。

4. 加样

SDS-聚丙烯酰胺凝胶垂直板型电泳的加样方法：用手夹住两块玻璃板，上提斜插板使其松开，然后取下玻璃胶室去掉密封用硅胶框，注意在上述过程中手始终给玻璃胶室一个夹紧力，再将玻璃胶室凹面朝里置入电泳槽，插入斜板，将缓冲液加至内槽玻璃凹面以上，外槽缓冲液加到距平板玻璃上沿 3mm 处即可，注意避免在电泳槽内出现气泡。

加样时可用加样器斜靠在提手边缘的凹槽内，以准确定位加样位置，或用微量注射器依次在各样品槽内加样，各加 10～15μL（含蛋白质 10～15μg），稀溶液可加 20～30μL（根据胶的厚度灵活掌握）。

5. 电泳

加样完毕，盖好上盖，连接电泳仪，打开电泳仪开关后，样品进胶前电流控制在 15～20mA，大约 15～20min；样品中的溴酚蓝指示剂到达分离胶之后，电流升到 30～45mA，电泳过程保持电流稳定（图 4-8）。当溴酚蓝指示剂迁移到距前沿 1～2cm 处即停止电泳，约 1～2h。如室温高，打开电泳槽循环水，降低电泳温度。

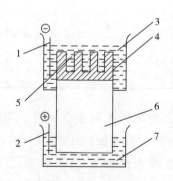

图 4-8　不连续凝胶垂直板电泳示意图

1—上槽电极；2—下槽电极；3—上槽电极缓冲液（pH 8.3 Tris-甘氨酸缓冲液）；
4—浓缩胶；5—加样凹槽（内有样品）；6—分离胶；7—下槽电极缓冲液（pH 8.3 Tris-甘氨酸缓冲液）

6. 染色、脱色

电泳结束后，关掉电源，取出玻璃板，在长短两块玻璃板下角空隙内，用刀轻轻撬动，即将胶面与一块玻璃板分开，然后轻轻将胶片托起，指示剂区带中心插入铜丝作为标志,放入大培养皿中,使用0.25%的考马斯亮蓝染液染色2~4h,必要时可过夜。

弃去染色液,用蒸馏水把胶面漂洗几次,然后加入脱色液,进行扩散脱色,经常换脱色液,直至蛋白质带清晰为止(图4-9)。

7. 结果处理

① 测量脱色后凝胶板的长度和每个蛋白质样品移动距离(即蛋白质带中心到加样孔的距离),测量指示染料迁移的距离。

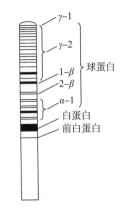

图4-9 聚丙烯酰胺凝胶电泳血清蛋白质区带分布图

② 按以下公式计算蛋白质样品的相对迁移率(R_m)

相对迁移率=样品迁移距离(cm)/染料迁移距离(cm)

③ 标准曲线的制作:以各标准蛋白质相对迁移率为横坐标,蛋白质分子量的对数为纵坐标在半对数坐标纸上作图,得到一条标准曲线。

④ 测定蛋白质样品的分子量:根据待测蛋白质样品的相对迁移率,从标准曲线上查得该蛋白质的分子量。

【注意事项】

① 丙烯酰胺(Acr)和N,N-亚甲基双丙烯酰胺(Bis)均为神经毒剂,对皮肤有刺激作用,操作时应戴防护手套。

② 电泳中电流应保持稳定,避免电流强度过高,而产生大量的热使分离失败。

③ 凝胶柱面应平整,操作过程切勿产生气泡,否则电泳区带不平整。

【思考题】

① 聚丙烯酰胺盘状凝胶电泳的几个不连续性是什么?
② 电泳时的三个物理效应是什么?是怎样造成的?
③ 贮液配制及贮存应注意什么?
④ 过硫酸铵和考马斯亮蓝在实验中有什么作用?

实验 23
葡聚糖凝胶色谱使蛋白质脱盐

【实验目的】

① 学习凝胶色谱的工作原理和操作方法。
② 掌握利用葡聚糖凝胶色谱进行蛋白质脱盐的技术。

【实验原理】

凝胶色谱又称凝胶过滤或排阻色谱,其分离纯化的原理是:当混合样液加到凝胶柱上随着洗脱剂而通过凝胶柱时,分子大小不同的物质受到不同的阻滞作用。颗粒接近或大于网眼的分子,不能进入凝胶的网眼中,在重力作用下它们随着溶剂在凝胶颗粒之间沿较短流程向下流动,受到的阻滞作用小,移动速度快,先出色谱柱(此现象叫作被排阻。被排阻的最小分子量称为该规格凝胶的排阻极限);而颗粒小于网眼的分子可渗入凝胶网眼之中,它们被洗脱时不断地从一个网眼穿到另一个网眼,逐层扩散,阻滞作用大,流程长,移动速度慢,因而后出色谱柱。在色谱柱的出口处,用多个试管分步收集洗脱液,就可将混合物中各组分彼此分离。目前使用较多的是葡聚糖凝胶、聚丙烯酰胺凝胶、琼脂糖凝胶及其衍生物,尤其葡聚糖凝胶(商品名称 Sephadex)是最常用的色谱介质。它是由一定平均分子量的葡聚糖和交联剂 1-氯-2,3-环氧丙烷以醚键交联成的具有三维结构的不溶于水的多孔网状高分子化合物。调节葡聚糖和交联剂配比,可以获得网眼大小不同、型号各异的凝胶。葡聚糖分子量越小,交联剂用量越大,则交联度越大,凝胶网眼越小,吸水量越小,G 值也越小。G 值表示每克干胶吸水量(mL)的十倍。例如 Sephadex G-25 其每 1g 干胶吸水量应为 2.5mL。常用的葡聚糖凝胶有多种规格,如 G-10、G-15、G-25、G-50、G-75、G-100 等。实验中选用何种型号应根据被分离的混合物分子的大小及工作目的来确定。当从生物组织中用盐析法提取蛋白质后,常需要进行蛋白质的脱盐工作,可采用的色谱介质为葡聚糖凝胶 G-25(或 G-15、G-50),用适当的洗脱剂进行洗脱。凝胶过滤色谱脱盐过程中盐分子和蛋白质分子大小差异巨大,蛋白质溶液中小分子的盐分子随着色谱流动相进入孔径较小的固定相致使其在色谱中的迁移速率小,而蛋白质因分子尺寸较大,不能随流动相进入固定相中，因此在色谱柱中的迁移速率大，首先从色谱柱中流出，实现脱盐。

【试剂与器材】

1. 试剂

① 葡聚糖凝胶 G-25（或 G-15、G-50）：溶胀凝胶方法为按每个色谱柱约 4g 的量称取葡聚糖凝胶 G-25 于烧杯中，加过量蒸馏水于沸水浴中溶胀 2h 或在室温下溶胀 6h 以上。用倾泻法除去上层漂浮的细碎凝胶，重复 3~4 次。操作中避免剧烈搅拌，防止破坏其交联结构。

② 1% $BaCl_2$ 溶液。

③ 考马斯亮蓝 G-250：称取 0.1g 考马斯亮蓝 G-250，先溶于 50mL 95% 乙醇中，再加入 85% 的磷酸 100mL，最后用蒸馏水定容到 1000mL，暗处存放。

④ 脲（6mol/L）。

⑤ 洗脱剂：应依据被纯化的蛋白质的不同特性而选用不同的缓冲液，本实验选用去离子水作洗脱液。

⑥ 含硫酸铵盐的蛋白质溶液：实验前配制，含 2.5g/L 牛血清清蛋白、1g/L 硫酸铵和 100g/L 蔗糖。

2. 器材

色谱柱、滴定台架、螺丝夹、刻度试管、移液管、烧杯、滴管、洗耳球、洗瓶、试管架、移液管架、玻璃棒。

【实验步骤】

1. 色谱柱的准备

① 清洗：每组取一支色谱柱，用清水冲洗干净。（若玻璃柱较脏，应卸去塑料装置，先在洗液中浸泡 2h。）

② 安装与检查：检查出口装置中尼龙绸或烧结滤板是否完好干净。安装色谱柱，让其垂直固定于滴定台架上，对准出口处，放一 250mL 烧杯。向色谱柱内灌洗脱剂，打开出口螺旋夹，检查有无渗漏、出口乳胶管是否通畅等情况。

③ 排气泡：保持柱内一定的水位，用手指弹击柱壁，部分气泡会从溶液中上浮排出，出口处的小气泡易停留在螺旋夹附近的乳胶管内，要想法排尽，否则会影响分离效果，排气完毕，保留柱内 1~2cm 高水位，关紧螺旋夹。

④ 标记高度：在距顶端 8~10cm 处做一标记，作为衡量灌装色谱介质床体高度（15~17cm）的依据。

2. 装柱

每组用 50mL 烧杯取溶胀的凝胶悬浆 25~30mL，静置片刻，观察凝胶沉淀与水的体积之比，约为1∶1即可，否则应作调整。轻轻搅匀杯中凝胶，用玻璃棒引流入柱，打开出水口，并不断地向柱内补充凝胶，直到凝胶沉淀高度位于标记上方约2cm为止，凝胶柱内若有气泡和断层或柱床表面变干和歪斜，都将影响分离效果，必要时，需倒出凝胶，重新装柱。

3. 平衡

取15mL洗脱剂，用滴管沿柱内壁旋转着滴加使之缓缓流下，不可冲动胶平面，打开出水口，经洗脱液的流动，一方面清洗内壁，另一方面使胶床收紧。洗脱平衡完毕，胶床上方保留约4cm高水位，关闭出水口，胶床高度≥15cm为宜。

4. 准备收集

取6支干净的刻度试管（除净试管内残留的水），编号1～6，并在试管2mL处作一标记，插入试管架上，为收集洗脱样品做好准备。

5. 上样与收集

打开出口排水，当胶床与上方水层的弯月面相切时，关闭出口，用滴管将0.2mL混合样液沿柱内壁缓缓加入，勿冲动胶面。上样完毕，打开出水口，开始收集1号管，每管收集洗脱液2mL。当样液进入胶床，其弯月面与胶平面相切时，暂停排液，用滴管将洗脱剂沿柱内壁旋转着加入1cm高水位，然后排液，至其弯月面与胶平面相切，再缓缓注入3～5cm高的洗脱剂。

6. 洗脱

不断向柱内加洗脱剂，保持胶床上水位3～5cm。出口流速控制在每6s 1滴，直至收集到6号管达2mL时，关闭出口。

7. 鉴定

另取6支干净试管，按收集顺序将洗脱液一分为二，即每管1mL，依次在试管架上排成两排。第一排每管加2滴$BaCl_2$，根据白色沉淀多少，用"＋"的个数表示沉淀的多少，判断SO_4^{2-}在各管中的浓度。第二排每管加1mL考马斯亮蓝G-250试剂，根据蓝色情况，判断蛋白质在各管中的浓度，用"＋"的个数表示蓝色的深浅。将结果记录于下表中。

若鉴定的第6号管中仍有样品，表明洗脱和收集不够，需增加7号、8号……试管继续洗脱与收集，同上法鉴定其蛋白质和盐浓度情况。

管号	1	2	3	4	5	6
白色沉淀量						
颜色深浅						

8. 再生

鉴定完毕，打开出水口，继续用 2~3 倍床体积洗脱剂洗脱，洗脱后关闭出口，以备下次使用。

9. 绘制洗脱曲线

根据实验结果，在同一坐标系中，以收集的管号为横坐标，颜色深浅程度为纵坐标，绘制两条［蛋白质及（NH_4）$_2SO_4$］洗脱曲线。

10. 结果分析

分析混合样品分离效果。

【注意事项】

① 装柱时，凝胶中的水不宜过多，用玻璃棒搅动小烧杯中的凝胶，一次将柱加满，凝胶自然下沉后，凝胶的高度应以色谱柱长度的 3/4~4/5 为宜。如果色谱柱中凝胶高度不够应在凝胶床面未形成之前再加入葡聚糖凝胶，要尽量防止由于加胶次数较多，胶中出现气泡、纹路和断层。

② 加入样品时应十分注意不要搅动床面，不要使样品与床面上的洗脱液混合，否则影响分离效果。

【思考题】

① 利用凝胶色谱分离混合物时，怎样才能得到较好的分离效果？
② 还有哪些方法可进行蛋白质脱盐？

实验 24
间接 ELISA 测定抗体的效价

【实验目的】

① 测定样品中抗体的效价（titer）。
② 掌握酶联免疫吸附测定的基本原理。

【实验原理】

将特异性抗原包被在固相载体上，加入含待测抗体的样品，使之与固相抗原结合（Ag-Ab），再加入酶标记的抗抗体（亦称二抗），与上述 Ag-Ab 复合物结合形成 Ag-Ab-α-Ab-E 复合物。此时加入底物，复合物上的酶则催化底物显色，以酶与底物的显色反应程度来确定待测抗体的效价。由于每步之间均有冲洗步骤，若样品中不含相应的抗体，酶标抗体则将被洗掉，底物不显色而呈阴性反应。间接法的优点是只要变换包被抗原就可利用同一酶标抗抗体建立检测相应抗体的方法。

1. 包被

固相载体常用聚苯乙烯微孔板，因为聚苯乙烯具有较强的吸附蛋白质的性能，抗体或蛋白质抗原吸附其上后仍保留原来的免疫学活性。吸附主要为物理吸附，不发生化学反应，效果与缓冲液的浓度、pH、温育时间、载体表面性质等有关。缓冲液宜偏碱性，离子强度较低，有利于蛋白质的吸附。

2. 封闭

由于血清中含有高浓度的非特异性抗体，在间接法中，抗原包被后一般用无关蛋白质（例如牛血清蛋白）再包被一次，以封闭固相上的空余间隙。可用含 1% BSA 或 1%明胶或 3%～5%脱脂奶粉的 PBS 作为封闭液封闭。酶标抗体可以用含 BSA 的 PBS 稀释，以减少非特异性吸附。

3. 温育

温育最好用水浴，室温也可，微孔板浮在水浴面可使温度迅速平衡，且板上加盖，避免蒸发。应用酶促反应动力学原理，低温可提高结合率，高温可加速反应。

4. 待测样品

待测样品溶液中不能存在与标记酶相同的酶、底物、酶抑制剂和其他干扰因素，以防止干扰作用。在检测过程中样本须先行稀释到适当浓度（1∶40～1∶200），以避免过高的阴性本底影响结果的判断。

5. 洗涤

洗涤操作过程是决定实验成败的一个关键步骤，目的是除去未结合的免疫反应物，终止抗原抗体的继续结合，除去标本中与反应无关的成分和游离的酶结合物以及反应过程中吸附在固相载体上的非特异性干扰物。洗涤次数一般为3～4次，每次3min，要微微振荡，特别是最后一次，如有酶结合物的非特异吸附及残留，会使空白值升高，所以要使洗涤彻底。

6. 显色

一些底物如 3,3′,5,5′-四甲基联苯胺（TMB）和邻苯二胺（OPD）在暗处稳定，底物液要现用现配，酶促反应时注意避光。某些含苯环的底物有致癌作用，使用要多加小心。最常用的是辣根过氧化物酶（HRP），要求高纯度的HRP，其 RZ（纯度值）应≥3.0（RZ 是 HRP 在 403 nm 和 275 nm 下的吸光值的比值），此外比活力应＞250U/mg。HRP 的作用底物是 H_2O_2，催化反应为：$DH_2 + H_2O_2 \longrightarrow D + 2H_2O$，其中 DH_2 为供氢体（常用四甲基联苯胺，TMB），H_2O_2 为受氢体。

【试剂与器材】

1. 试剂

（1）抗原

OVA-Ag 的偶联物。

（2）包被液（0.05mol/L 碳酸盐缓冲液 CBS，pH 9.6）

Na_2CO_3 1.59g 和 $NaHCO_3$ 2.93g 加水至 1000mL。

（3）洗涤液（PBST）

含 0.05% 吐温-20 的 10mmol/L、pH 7.4 的 PBS。

（4）封闭液

含 1% BSA 或 1% 明胶或 3%～5% 脱脂奶粉的 PBS，不可加吐温等表面活性剂。

（5）抗体、酶联抗体稀释液

以含 2～5mg/mL BSA 的 PBS 或 PBST 稀释。

（6）酶标的抗体

酶标抗体宜加甘油保存在 −20℃，稀释的抗体不宜在 4℃ 保存超过 1 周。

新制备或保存过久的酶标记物，则需用棋盘法确定最适稀释度，并与参考酶标抗体（抗原）进行比较。

(7) 底物缓冲液（磷酸盐-柠檬酸缓冲液，pH 5.0）

甲液：0.1mol/L 柠檬酸（$C_6H_8O_7 \cdot H_2O$），即称取柠檬酸 21g，加水至 1000mL。

乙液：0.2mol/L 磷酸氢二钠（$Na_2HPO_4 \cdot 10H_2O$），即称取磷酸氢二钠 28.4g，加水至 1000mL。

取甲液 24.3mL，乙液 25.7mL，加水至 100mL 即可。

(8) TMB 溶液

10mg TMB 溶于 1mL DMSO（二甲基亚砜）中；4℃避光可保存 3 个月以上，使用时在 37～40℃下溶解。

(9) TMB 底物使用液

TMB 60μL ＋ 底物缓冲液 10mL ＋ 30％过氧化氢 10μL（临用前新鲜配制）。

(10) 终止液（2mol/L H_2SO_4）

取蒸馏水 177.8mL，加浓硫酸（体积比 98％）22.2mL。

(11) 待测样品

① 待测抗体溶液（免疫后的血清）。

② 阳性样品（阳性血清）。

③ 阴性样品（阴性血清）。

2. 器材

酶标板（聚苯乙烯板）、酶标仪、封口膜、保鲜膜、水浴锅/恒温箱、微量移液器（50μL、200μL、1000μL、5000μL）、吸水纸等。

【实验步骤】

1. 包被

将抗原（OVA-Ag 偶联物）用包被缓冲液稀释为 10μg/mL 左右，加入聚苯乙烯板（0.1mL/孔），加封口膜于 4℃过夜（或 37℃下，孵育 6h）。包被 BSA 溶液或只加包被液作为空白对照。

2. 封闭

弃去孔内液体，每孔加 200μL 封闭液（近满），37℃湿盒保持 6 h（或 4℃过夜），避免非特异性吸附。

3. 洗涤

弃反应液，以洗涤缓冲液洗板 3～5 次并于吸水纸上轻轻拍干。

4. 加待测样品

以稀释液将待测样品做适当的梯度系列稀释，分别加入包被有已知抗原的反应孔中，每个稀释度 2 孔（0.1mL/孔），并加空白（PBST）或阴性对照液，加封口膜后于 37℃ 水浴箱中温育反应 45min，不宜太长，否则会提高本底。

5. 洗涤

重复步骤 3。

6. 加酶标二抗

以稀释液将酶标抗体做 1:1000 以上适当稀释，加入反应孔中（0.1mL/孔），加封口膜后于 37℃ 水浴箱中温育反应 45min。

7. 洗涤

重复步骤 3。

8. 显色

加底物液，每孔加 0.1mL，室温下避光反应 10～30min，其间不时观察，显色满意即加终止液。

9. 终止

加终止液 50μL/孔终止反应。

10. 测 OD 值

用酶标仪测定每孔在 450nm 波长的 OD 值。

11. 结果分析

若待测孔 OD>0.1 且大于阴性对照孔的 2.1 倍（$P/N>2.1$，其中 P 为待测血清在某一稀释倍数测定的 OD 值，N 为阴性血清在相应稀释倍数时测定的 OD 值），判定为阳性，以判定为阳性的血清最高稀释倍数为血清抗体效价。

【注意事项】

① 每次实验均应做空白对照（以 PBS 代替样品）、阳性对照及阴性对照，前者为本底值，在分析实验结果时应扣除本底值，阳性对照>阴性对照>0.1>空白对照则实验成立。

② 洗涤在 ELISA 试验中至关重要，在洗涤操作中，由于板凹孔容量小，孔间距离近，故每次加入的洗涤液量既要达到洗涤充分又要避免相邻孔内液体互相污染，切忌剧烈振荡。

③ 使用微量加样器加样必须注意的关键点是：加样不可太快，要避免加在孔壁上部，不可溅出和产生气泡。加样太快，无法保证微量加样的准确性和均一性；加在孔壁上部的非包被区，易导致非特异吸附；溅出会对邻近孔产生

污染；出现气泡则反应液界面有差异；包被一般只要 100μL/孔，封闭至少要加 200μL/孔，最好把孔加满；显色液和终止液视情况而定。

④ TMB 可配成 1% 的溶液，4℃ 避光保存，可使用 3 个月以上。临用时以底物缓冲液适当稀释使用，应在预试验中确定二者的最适配比，稀释的酶标结合物置于室温条件下过久，会影响底物的显色反应，变色的 TMB 不宜使用。

⑤ 为使显色反应便于比较，置室温暗处的反应时间应一致，以阴性对照稍有显色时为最佳终止时间，一般为 10～30min。终止反应 3～5min 后，应立即比色。必要时可设阳性对照，以固定显色及终止的时间。

⑥ 在实验确定各种浓度后，要在每次实验中保持各种条件的稳定，如各块板的抗原包被浓度、孵育时间、温度等等。

【思考题】

① 能否用含有抗体的血清直接包被？为什么？
② 实验过程中如果出现了假阳性，请分析可能的原因。

第五章 色素与维生素

实验 25
柱色谱分离色素

【实验目的】

① 了解柱色谱的分类,掌握各种柱色谱的原理。
② 熟练掌握吸附色谱的原理和操作技术。

【实验原理】

菠菜叶中的叶绿体含有绿色素(包括叶绿素 a 和叶绿素 b)和黄色素(包括胡萝卜素和叶黄素)两大类天然色素。这两类色素都不溶于水,而溶于有机溶剂,故可用乙醇或丙酮等有机溶剂提取。吸附剂如蔗糖、Al_2O_3、MgO、$CaCO_3$ 等对各种物质有不同的吸附力,吸附力的大小随吸附剂的种类而异;同一吸附剂在不同的溶剂中吸附力的大小也不同。被吸附的物质由于其结构中极性基团的种类和数量不同,吸附力也不相同。

各种官能团的极性大小次序为:$-CH_2-CH_2- < -CH=CH < -CH=CH-CH=CH- < -OCH_3 < -COOR- < -C=O < -CHO < -SH < -NH_2 < -OH < -COOH$。

本实验是把 Al_2O_3 粉末填入玻璃管中(压成柱状)作为吸附剂,将叶绿体的石油醚提取液倾于吸附柱上,色素即被吸附。

由于色素的种类不同,被吸附的强弱不同,就在吸附柱上排列成为不同的色层,再利用吸附剂在不同溶剂中有不同的吸附力,用不同的溶剂进行洗脱,从而使叶绿体主要的 4 种色素(叶绿素 a、叶绿素 b、叶黄素、胡萝卜素)得到分离。

【试剂与器材】

1. 试剂

石油醚（60~90℃）、甲醇（分析纯）、无水乙醇（分析纯）、乙醇（分析纯）、乙酸乙酯（分析纯）、丙酮（化学纯）、苯（分析纯）、汽油、无水硫酸钠（分析纯）、中性氧化铝（100~200 目，使用前需在 500℃活化 4h）、菠菜叶。

2. 器材

布氏漏斗、抽滤瓶、研钵、分液漏斗、色谱柱（20cm×3cm）、普通漏斗、玻璃棒、锥形瓶、胶头滴管、烧杯（250mL 和 50mL）、量筒、容量瓶、滤纸、脱脂棉。

【实验步骤】

1. 菠菜色素的提取

称取绿色组织 2g，弃去粗大叶脉后剪成碎块，放在干净的研钵内，加入少量碳酸钙和石英砂，以及少量丙酮（干材料用 85%丙酮，新鲜材料用无水丙酮），研磨成匀浆。减压过滤，滤液收集于容量瓶中，残渣再用丙酮洗涤数次，直至无色，定容至 20mL。提取液经反射光照射应观察到血红色荧光。丙酮提取液中不仅有叶绿体的色素，而且也有能溶于丙酮中的化合物，为了更好地分离色素，必须用石油醚纯化色素。

纯化色素时将丙酮提取液转入分液漏斗中，加等量石油醚，轻轻摇动，再加等量饱和 NaCl 溶液振摇，再加等量蒸馏水振摇，放置分层。待明显分为两层，上层为深绿色石油醚层，有显著的荧光性。小心地把下面的丙酮水溶液层放掉，用洗瓶沿漏斗壁以水洗涤石油醚层 6~7 次，以彻底洗去丙酮。定容为 20mL，所得石油醚色素提取液置于棕色瓶中待用。

2. 吸附柱的制备

（1）干法装柱

把色谱柱的玻璃管部分固定在抽滤瓶上，在玻璃管的基部用清洁的脱脂棉填上，使松紧合适，于其上放一大小合适的圆形滤纸片，柱的上端放一小漏斗，取烘过的氧化铝粉由小漏斗装入柱中，边装边轻敲柱外壁，随后进行抽气，使氧化铝柱紧实，约为 15cm 长。

装好吸附剂后于其上轻轻盖上一片大小合适的圆形滤纸，小心地注入石油醚，抽滤，当氧化铝柱全部被石油醚浸湿，且在柱上面留有少量石油醚时，停止抽吸。

(2) 湿法装柱

色谱柱用夹子垂直固定于铁架上，下端套上一段乳胶管，在乳胶管的另一端套上一玻璃管，在乳胶管上夹一螺旋夹，以控制流速。柱子下端同样填上脱脂棉，放上小滤纸片，柱上放一小漏斗。先关闭螺旋夹，注入一定体积的石油醚于柱中，打开螺旋夹，让石油醚以每秒1滴的流速流下，当注入的石油醚流至柱的3/4处，从小漏斗缓缓装入氧化铝粉，抽吸，并在氧化铝柱上盖一滤纸片，待石油醚快流完时，停止抽吸。

3. 色素的分离

将2mL色素提取液倾入吸附柱上，当色素提取液将要全部进入中性氧化铝柱中时，加入一定体积的石油醚冲洗，抽吸，至柱上的颜色快要扩展到吸附柱的下端时，就在柱上出现不同颜色的色带，上面是黄绿色的叶绿素b，其次是蓝绿色的叶绿素a，再下面是黄色的叶黄素，胡萝卜素没有被中性氧化铝吸附，出现在柱的最下端或随洗脱剂石油醚进入抽滤瓶中。

4. 色素的洗脱

分布在柱上各色带的位置彼此很接近，为了更好地分离，需将各色带分开较大的距离。为此可加入10~15mL汽油-苯的混合液（体积比10∶1），抽滤，混合液渗入后，胡萝卜素从吸附柱上全部排出，叶黄素与叶绿素a分开，并逐渐被洗脱下来。这时再加入汽油-苯的混合液（体积比1∶2），抽滤，叶绿a和叶绿素b便清楚地分开，叶绿素a被洗脱，叶绿素b可用乙醚（或乙醇）洗脱。

注：为了更好地观察叶绿体的4种主要色素，可在柱子的最下端装入中性氧化铝，约占柱长的1/5，上面再装蔗糖，制成吸附剂的混合柱，这样从上到下为叶绿素b、叶绿素a、叶黄素和胡萝卜素，4种色素会很好地分离。

【注意事项】

① 石油醚、丙酮和色谱液都是易挥发且有一定毒性的有机溶剂，所以研磨时、收集滤液时、色谱时都要在通风橱中进行，减少有机溶剂的挥发。

② 拿色谱板时，尽量避免手沾到上面使其污染。

③ 色谱过程中，切勿移动色谱缸。

④ 为了保持色谱柱的均一性，要保证整个装样和色谱过程溶剂要高于氧化铝的表面，否则当柱中溶剂流干时，就会使柱身干裂，影响渗透和显色的均一性。

⑤ 叶绿素要避光保存。叶黄素易溶于醇而在石油醚中溶解度较小，从嫩绿菠菜得到的提取液中，叶黄素含量很少，柱色谱中不易分出黄色带。

【思考题】

① 哪种色素在色谱柱中移动最快？为什么？

② 试比较叶绿素、叶黄素和胡萝卜素三种色素的极性，并说出依据。

实验 26
维生素 C 的定量测定（2,6-二氯酚靛酚滴定法）

【实验目的】

① 学习维生素 C 定量测定的一般原理。

② 掌握用 2,6-二氯酚靛酚滴定法定量测定食物和生物体液中维生素 C 的基本操作技术。

【实验原理】

维生素 C 是人类膳食中必需的维生素之一，如果缺乏维生素 C，将导致患坏血病，因此，维生素 C 又称为抗坏血酸，有防治坏血病的功效。维生素 C 在自然界分布十分广泛，存在于新鲜水果和蔬菜中，尤其是柠檬果实和一些绿色植物（如青辣椒、菠菜等）中含量特别丰富。维生素 C 的定量测定方法很多，有 2,6-二氯酚靛酚（简称 DCPIP）滴定法、碘滴定法、2,4-二硝基苯肼法等。其中广泛采用的是 DCPIP 滴定法，它具有简便、快速、准确等优点，适用于许多不同类型样品的分析。缺点是不能直接测定样品中的脱氢抗坏血酸及结合维生素 C 的含量，易受其他还原物质的干扰。如果样品中含有色素类物质，将给滴定终点的观察造成困难。

在酸性环境中，维生素 C（还原型）能将染料 2,6-DCPIP 还原成无色的还原型 2,6-DCPIP，而维生素 C 则被氧化成脱氢抗坏血酸。氧化型的 2,6-DCPIP 在中性或碱性溶液中呈蓝色，但在酸性溶液中则呈粉红色。因此，当用 2,6-DCPIP 滴定含有维生素 C 的酸性溶液时，在维生素 C 未被全部氧化前，滴下的 2,6-DCPIP 立即被还原成无色，一旦溶液中的抗坏血酸全部被氧化时，则滴下微量过剩的 2,6-DCPIP 便立即使溶液显示淡粉红色或微红色，此时即为滴定终点，表示溶液中的维生素 C 刚刚全部被氧化。依据滴定时 2,6-DCPIP 标准溶液的消耗量（mL），可以计算出被测样品中维生素 C 的含量。氧化型 2,6-DCPIP 与还原型维生素 C 的反应常在稀草酸或偏磷酸溶液中进行。即先将样品溶于一定浓度的酸性溶液中或经抽提后，再用 2,6-DCPIP 标准溶液滴定至终点。其反应式如下：

$$\text{抗坏血酸（还原型）} + \text{2,6-二氯酚靛酚（氧化型）粉红色} \longrightarrow$$

$$\text{脱氢抗坏血酸（氧化型）} + \text{2,6-二氯酚靛酚（还原型）无色}$$

本实验采用 2,6-二氯酚靛酚滴定法，以新鲜水果、蔬菜和生物体液为分析材料，进行维生素 C 含量测定。

【试剂与器材】

1. 试剂

① 2%草酸溶液：草酸 2g，溶于 100mL 蒸馏水。（2%草酸液可用 4%偏磷酸-醋酸溶液代替。）

② 1%草酸溶液：溶 1g 草酸于 100mL 蒸馏水。

③ 标准维生素 C 溶液：准确称取 50.0mg 纯维生素 C，溶于 1%草酸溶液，并稀释至 500mL。贮棕色瓶、冷藏，最好临用时配制。

④ 1% HCl 溶液。

⑤ 0.1% 2,6-二氯酚靛酚溶液：将 250mg 2,6-二氯酚靛酚溶于 150mL 含有 52mg $NaHCO_3$ 的热水中，冷却后加水稀释至 250mL，滤去不溶物，贮棕色瓶内，冷藏（4℃约可保存一至三周）。每次临用时稀释 10 倍，并以标准抗坏血酸溶液标定。

2. 器材

吸管、容量瓶、锥形瓶、微量滴定管、天平、抽滤装置。

【实验步骤】

1. 2,6-二氯酚靛酚溶液的标定

准确吸取标准维生素 C 溶液 1.0mL（含 0.1mg 维生素 C）置 100mL 锥形瓶中，加 9mL 1% 草酸，用滴定管以稀释 10 倍的 2,6-二氯酚靛酚滴定至淡红色，并保持 15s 不褪色即为终点。由所用染料的体积计算出 1mL 染料相当于多少量（mg）维生素 C。

2. 样品提取滴定（水果汁样品）

将果汁充分摇匀后，取 5mL 样品放入 50mL 容量瓶中，用 2% 草酸溶液稀释，并定容至 50mL，混匀后通过快速滤纸过滤（或离心）。取滤液 10mL 放入锥形瓶内，立即用已标定过的 2,6-DCPIP 溶液快速滴定至样品液呈现粉红色，并保持 15~20s 不变即为终点，记录所消耗的 2,6-DCPIP 溶液的体积（mL）。样品液中维生素 C 含量宜在 0.1~0.2mg/mL 范围内，如果偏高或偏低则可酌情增减样品用量或进行适当稀释。另取 10mL 蒸馏水作空白对照滴定 1 份。样品液滴定 3 份，滴定结果取平均值。

3. 计算维生素 C 的含量

$$维生素 C（mg/100g）= \frac{(V_A - V_B) \times T}{W} \times 100$$

式中　T——1mL 染料能氧化维生素 C 的质量，mg/mL；

　　　W——10mL 样液相当于含样品的质量，g；

　　　V_A——滴定样品时所消耗的染料体积（平均值），mL；

　　　V_B——滴定空白时所消耗染料的体积，mL。

【注意事项】

① 在生物组织和组织提取液中，维生素 C 还能以脱氢维生素 C 及结合维生素 C 的形式存在，它们同样具有维生素 C 的生理作用，但不能将 2,6-二氯酚靛酚还原脱色。

② 整个滴定过程要迅速，防止还原型的维生素 C 被氧化，滴定过程一般不超过 2min。滴定所用的染料不应少于 1mL 或多于 4mL，若滴定结果不在此范围，则必须增减样品量或将提取液稀释。

③ 本实验必须在酸性条件下进行，在此条件下，干扰物反应进行得很慢。

④ 提取液中尚含有其他还原性的物质，均可与 2,6-二氯酚靛酚反应，但

反应速度均较维生素C慢，因而，滴定开始时，染料要迅速加入，而后尽可能一滴一滴地加入，并要不断地摇动锥形瓶直至呈粉红色，且15s不褪色即为终点。

⑤ 如浆状物泡沫很多，可加数滴辛醇或丁醇。

⑥ 若浆状物不易过滤，可离心取上清液测定。

⑦ 如滤液颜色太深，滴定时不易辨别终点，可先用白陶土脱色。

【思考题】

① 提取维生素C时，加入2%草酸或4%偏磷酸-醋酸液的作用是什么？

② 如果提取液颜色太深而又无法脱尽，严重影响滴定终点判断时，是否有其他办法能准确判断出终点？

第六章 酶

实验 27
酶的激活、抑制作用

【实验目的】

① 理解激活剂和抑制剂对酶活性的影响。
② 加深对酶的专一性的认识。

【实验原理】

酶是具有高效专一催化活性的蛋白质，其活性常受温度、pH 及一些物质的影响。某些物质可以增加其活性，称为激活剂；某些物质能降低其活性，称为抑制剂。很少量的激活剂或抑制剂就会影响酶的活性，而且这种作用常常具有特异性。但要注意的是，激活剂和抑制剂不是绝对的，有些物质在低浓度为某种酶的激活剂却为另一种酶的抑制剂，而在高浓度时则为后者的激活剂（如 NaCl）。淀粉酶的活性受激活剂和抑制剂的影响，氯离子为唾液淀粉酶的激活剂，铜离子为该酶的抑制剂。利用淀粉酶水解不同阶段产物与碘有不同的呈色反应，观察唾液淀粉酶的酶促反应中的激活和抑制现象。水解程度通过水解混合物遇碘溶液所呈现的颜色变化判断。

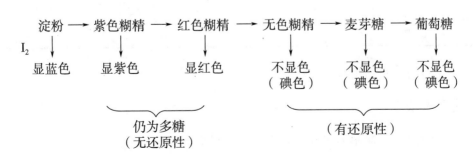

【试剂与器材】

1. 试剂

① 0.2%淀粉溶液。

② 1%氯化钠溶液。

③ 1%硫酸铜溶液。

④ 1%硫酸钠溶液。

⑤ 碘化钾-碘溶液：将碘化钾 20g 和碘 10g 溶解在 100mL 水中，使用前稀释 10 倍。

⑥ 稀释 50~100 倍的新鲜唾液：取 0.5mL 唾液至 25mL 量筒中，用蒸馏水稀释到 25mL，用棉花过滤备用。唾液稀倍数因人而异，可稀释 50~400 倍，甚至更高。

2. 器材

恒温水浴锅、试管及试管架。

【实验步骤】

① 取四支试管，按表 6-1 进行操作。

表 6-1　所加试剂及具体操作流程

溶液	1	2	3	4
0.2%淀粉溶液/mL	1.5	1.5	1.5	1.5
稀释唾液/mL	0.5	0.5	0.5	0.5
1%硫酸铜溶液/mL	0.5			
1%氯化钠溶液/mL		0.5		
1%硫酸钠溶液/mL			0.5	
蒸馏水/mL				0.5
37℃恒温水浴保温 10min				
$KI-I_2$ 溶液/滴	2~3			
现象				

② 根据实验结果分析原因。

【注意事项】

① 激活剂、抑制剂实验中，淀粉酶要最后加。

② 加入淀粉时要小心，不要沾到试管壁；另外，摇匀时也不宜用力过猛，使淀粉溶液或淀粉粒过多地沾在试管壁上，这样会影响结果的观察，误差较大。

【思考题】

① 试说明本实验第 3 号管的意义，并推测 Cl^- 和 Cu^{2+} 各是唾液淀粉酶的激活剂还是抑制剂？举例说明抑制剂与变性剂有何异同。

② 为什么温度对酶的活性具有双重影响？

实验 28
酶的专一性

【实验目的】

① 了解酶的专一性。
② 掌握验证酶的专一性的基本原理及方法。
③ 学会排除干扰因素,设计酶学实验。

【实验原理】

酶是具有高度专一性的有催化功能的蛋白质。酶蛋白结构决定了酶的功能——酶的高效性,酶促反应速率是无机催化反应的 $10^7 \sim 10^{13}$ 倍。

酶催化的一个重要特点是具有高度的底物专一性,即一种酶只能对一种或一类底物起催化作用,对其他底物无催化作用。根据各种酶对底物的选择程度不同,可分成下列几种:

① 相对专一性:一种酶能催化一类具有相同化学键或基团的物质进行某种类型的反应。

② 绝对专一性:有些酶对底物的要求非常严格,只作用于一种底物,而不作用于任何其他物质。如脲酶只能催化尿素进行水解而生成二氧化碳和氨;麦芽糖酶只作用于麦芽糖而不作用于其他双糖;淀粉酶只作用于淀粉,而不作用于纤维素。

③ 立体异构专一性:有些酶只作用于底物的立体异构物中的一种,而对另一种则全无作用。如酵母中的糖酶类只作用于 D-型糖而不能作用于 L-型的糖。

本实验通过唾液淀粉酶和蔗糖酶对淀粉和蔗糖水解反应的催化作用来观察酶的专一性,用 Benedict 试剂检测反应产物。

Benedict 试剂是碱性硫酸铜溶液,具有一定的氧化能力,能与还原性的半缩醛羟基发生氧化还原反应,生成砖红色氧化铜沉淀。

$$Na_2CO_3 + 2H_2O \longrightarrow 2NaOH + H_2CO_3$$
$$CuSO_4 + 2NaOH \longrightarrow Cu(OH)_2 + Na_2SO_4$$

还原糖(—CHO 或 —C=O) + $2Cu(OH)_2 \longrightarrow Cu_2O\downarrow$ (砖红色) + $2H_2O$ + 糖的氧化产物

淀粉和蔗糖无半缩醛基，无还原性，与 Benedict 试剂无显色反应。淀粉被淀粉酶水解后产生葡萄糖，蔗糖被蔗糖酶水解后产生果糖和葡萄糖，产物都是还原糖，因此能被 Benedict 试剂氧化生成砖红色的 Cu_2O 沉淀。

【试剂与器材】

1. 试剂

① 蔗糖酶液：用干酵母制备或采购蔗糖酶试剂加蒸馏水适当稀释，备用。

② 唾液淀粉酶液（学生自制）：取 0.5mL 唾液至 25mL 量筒中，用蒸馏水（稀释）到 25mL，用棉花过滤备用。唾液稀释倍数因人而异，可稀释 50～400 倍，甚至更高。

③ 5%蔗糖（分析纯）溶液。

④ 0.5%淀粉溶液（含 0.3% NaCl）。

⑤ Benedict 试剂。

2. 器材

漏斗、脱脂棉花、恒温水浴箱（37℃，100℃）、量筒、试管、烧杯、吸量管。

【实验步骤】

① 酶的专一性实验，取 9 支试管，按表 6-2 操作。

表 6-2 酶专一性实验所加试剂

溶液	检查试剂			淀粉酶的专一性			蔗糖酶的专一性		
	①	②	③	④	⑤	⑥	⑦	⑧	⑨
0.5%淀粉（含 0.3% NaCl）溶液/mL	3			3			3		
5%蔗糖溶液/mL		3			3			3	
蒸馏水/mL			3			3			3
唾液淀粉酶液/mL				1	1	1			
蔗糖酶溶液/mL							1	1	1
摇匀，置 37℃水浴保温 10min									
Benedict 试剂/mL	2	2	2	2	2	2	2	2	2
摇匀，置沸水浴煮 2～3min									
记录观察结果									

② 根据实验结果分析原因。

【注意事项】

① 蔗糖是典型的非还原性糖，若商品中还原糖的含量超过一定标准，则呈现还原性，这种蔗糖不能用。一般在实验前要对所用的蔗糖进行检查，至少要用分析纯试剂。

② 制备的蔗糖溶液一般情况下含有少量的还原性糖杂质，所以可出现轻度的阳性反应。另外，不纯净的淀粉及加热过程中淀粉部分降解，也可以出现轻度的阳性反应。

【思考题】

① 观察酶专一性实验为什么要设计这3组实验？每组各有何意义？蒸馏水有何作用？

② 将酶液煮沸10min后，重做检验淀粉酶的专一性和蔗糖酶的专一性的操作，观察有何结果。

③ 在此实验中，为什么要用0.5%淀粉（含0.3% NaCl）溶液？0.3% NaCl的作用是什么？

实验 29
温度、pH 值对酶活力的影响

【实验目的】

① 了解酶活力的影响因素。
② 掌握检查酶活力的方法和原理。

【实验原理】

酶是生物体内具有催化功能的蛋白质，也叫生物催化剂。生物体内存在多种多样的酶，从而使生物体在温和的条件下能够迅速完成复杂的代谢过程。酶活力受环境 pH 值的影响极为显著，通常各种酶只有在一定的 pH 值范围内才表现出活力。一种酶表现活力最高时的 pH 值，称为该酶的最适 pH，低于或高于最适 pH 时，酶的活性逐渐降低。不同酶的最适 pH 不同。酶的最适 pH 也受底物性质和缓冲液性质的影响。

酶的催化作用受温度的影响也很大。在一定温度范围内，随着温度的升高，酶的热变性不显著，而酶促反应速度增加，直至达到最大值。反应速度达到最大值时的温度称为酶作用的最适温度。当温度超过酶的最适温度时，酶促反应急剧下降，直至完全停止。一种酶的最适温度不是完全固定的，它与作用时间长短有关，一般作用时间长，最适温度低，而作用时间短，则最适温度高。在最适温度下，酶的反应活性最高。大多数动物酶的最适温度为 37～40℃，植物酶的最适温度为 40～60℃。酶对温度的稳定性与其存在形式有关。有些酶的干燥制剂，虽加热到 100℃，其活性并无明显改变，但在 100℃ 的溶液中却很快完全失去活性。低温能降低或抑制酶的活性，但不能使酶失活。

本实验分别在不同 pH 值、不同温度条件下让唾液淀粉酶作用于淀粉，并用碘试剂检查酶促淀粉的水解程度，来说明这些因素对酶活力的影响。直链淀粉遇碘呈蓝色，支链淀粉遇碘呈紫色。在淀粉酶作用下，淀粉逐步水解成各种分子大小不同的糊精和麦芽糖，它们遇碘呈不同颜色。糊精按分子从大到小的顺序，遇碘可呈蓝色、紫色、暗褐色和红色，最小的糊精和麦芽糖遇碘不呈现颜色。因此淀粉被淀粉酶水解的程度可由淀粉水解混合物遇碘呈现的颜色来判断，根据淀粉被水解的程度来说明淀粉酶的活性大小。

【试剂与器材】

1. 试剂

① 0.1%淀粉溶液（0.3% NaCl）：称取可溶性淀粉 0.1g，先用少量 0.3% NaCl 溶液加热调成糊状，然后再用煮沸的 0.3% NaCl 稀释至 100mL。

② 1/15mol/L KH_2PO_4 溶液（9.08g/L KH_2PO_4）。

③ 1/15mol/L Na_2HPO_4 溶液（11.87g/L $Na_2HPO_4 \cdot 2H_2O$）。

④ 碘试剂（20mg/mL KI，10mg/mL I_2）。

⑤ 稀释唾液（蒸馏水漱口，清除残渣，再含蒸馏水少许，以咀嚼动作刺激唾液分泌，半分钟后使其流入量筒内并稀释 50 倍）。

2. 器材

刻度试管、吸管、电热恒温水浴箱等。

【实验步骤】

1. 温度影响

取同样规格的试管 4 支，按表 6-3 顺序分别精确地加入各试剂。

表 6-3　测定温度对实验的影响

项目	1	2	3
0.1%淀粉溶液/mL	1	1	1
稀释唾液/mL	1	1	1
碘试剂/滴	3	3	3
温度	0℃冰水浴 10min	37℃水浴 10min	100℃沸水浴 10min
现象			

2. pH 值影响

取同样规格的试管 5 支，按表 6-4 顺序分别精确地加入各试剂。

表 6-4　测定 pH 值对实验的影响

管号	1	2	3	4	5
0.1%淀粉溶液/mL	1	1	1	—	1
蒸馏水/mL	—	—	—	1	3

续表

管号	1	2	3	4	5
pH 4.92 缓冲液/mL	3				
pH 6.81 缓冲液/mL		3		3	3
pH 8.67 缓冲液/mL			3		
稀释唾液/mL	3	3	3	3	—
摇匀各管，置于37～40℃水浴中保温。每隔1min由2号管中取出1滴液体放在白瓷盘内，加1滴碘试剂，直至反应液呈浅棕色或接近黄色时止。立刻向各管加2滴碘试剂，摇匀					
现象					

注：缓冲液的配制参考附录Ⅰ中6磷酸盐缓冲液中的（2）磷酸氢二钠-磷酸二氢钾缓冲液（1/15mol/L）配制。

观察记录每管结果，并解释原因；阐述唾液淀粉酶活力的影响因素。

【注意事项】

① 淀粉溶液要新鲜配制，并注意配制方法。

② 严格控制温度，在保温期间，水浴温度不能波动，否则会影响实验结果。

③ 唾液稀释倍数因人而异，稀释倍数根据每人不同情况进行调整。

【思考题】

① 如何保证实验中被测酶的活性？

② 什么是酶的最适温度及其应用意义？

③ 什么是酶反应的最适pH？对酶活性有何影响？

实验 30
肝脏转氨酶（谷丙转氨酶）活力的测定

【实验目的】

① 了解转氨酶在代谢过程中的重要作用及其在临床诊断中的意义。
② 学习转氨酶活力测定的原理和方法。
③ 熟悉分光光度计的使用方法。

【实验原理】

生物体内广泛存在的氨基转移酶简称转氨酶，能催化 α-氨基酸的 α-氨基与 α-酮基酸的 α-酮基互换，在氨基酸的合成和分解、尿素和嘌呤的合成等中间代谢过程中有重要作用。转氨酶的最适 pH 接近 7.4，它的种类甚多，其中以谷氨酸-草酰乙酸转氨酶（简称谷草转氨酶，GOT）和谷氨酸-丙酮酸转氨酶（简称谷丙转氨酶，GPT；又称丙氨酸转氨酶，ALT）的活力最强。它们催化的反应如下。

$$\underset{\alpha\text{-酮戊二酸}}{\begin{array}{c}COOH\\|\\CH_2\\|\\CH_2\\|\\C=O\\|\\COOH\end{array}} + \underset{\text{天冬氨酸}}{\begin{array}{c}COOH\\|\\CH_2\\|\\H-C-NH_2\\|\\COOH\end{array}} \underset{(GOT)}{\overset{\text{谷草转氨酶}}{\rightleftharpoons}} \underset{\text{谷氨酸}}{\begin{array}{c}COOH\\|\\CH_2\\|\\CH_2\\|\\H-C-NH_2\\|\\COOH\end{array}} + \underset{\text{草酰乙酸}}{\begin{array}{c}COOH\\|\\CH_2\\|\\C=O\\|\\COOH\end{array}}$$

$$\underset{\alpha\text{-酮戊二酸}}{\begin{array}{c}COOH\\|\\CH_2\\|\\CH_2\\|\\C=O\\|\\COOH\end{array}} + \underset{\text{丙氨酸}}{\begin{array}{c}CH_3\\|\\H-C-NH_2\\|\\COOH\end{array}} \underset{(GPT)}{\overset{\text{谷丙转氨酶}}{\rightleftharpoons}} \underset{\text{谷氨酸}}{\begin{array}{c}COOH\\|\\CH_2\\|\\CH_2\\|\\H-C-NH_2\\|\\COOH\end{array}} + \underset{\text{丙酮酸}}{\begin{array}{c}CH_3\\|\\C=O\\|\\COOH\end{array}}$$

正常人血清中只含有少量转氨酶，当发生肝炎、心肌梗死等疾病时，血清中转氨酶活力常显著增加，所以在临床诊断上转氨酶活力的测定有重要意义。

测定转氨酶活力的方法很多，本实验采用分光光度法。谷丙转氨酶作用于丙氨酸、α-酮戊二酸后，生成的丙酮酸与2,4-二硝基苯肼作用生成丙酮酸2,4-二硝基苯腙。

$$\begin{array}{c}\text{COOH}\\|\\\text{C}=\text{O}\\|\\\text{CH}_3\end{array} + \text{H}_2\text{N}-\text{NH}-\underset{\underset{\text{NO}_2}{|}}{\overset{\overset{\text{O}_2\text{N}}{|}}{\bigcirc}} \longrightarrow \begin{array}{c}\text{COOH}\\|\\\text{C}=\text{N}-\text{NH}\\|\\\text{CH}_3\end{array}-\underset{\underset{\text{NO}_2}{|}}{\overset{\overset{\text{O}_2\text{N}}{|}}{\bigcirc}} + \text{H}_2\text{O}$$

丙酮酸2,4-二硝基苯腙加碱处理后呈棕色，其吸收光谱的峰为439～530nm，因此在波长520nm处吸光度增加的程度与反应体系中丙酮酸与α-酮戊二酸的摩尔比基本呈线性关系，故可用分光光度法测定。根据丙酮酸2,4-二硝基苯腙的生成量，可计算酶的活力。

【试剂和器材】

1. 试剂

① 标准丙酮酸钠溶液 2.0μmol/mL：准确称取纯化的丙酮酸钠62.5mg，溶于0.1mol/L的PBS（pH 7.4）中，定容到100mL，现用现配。

② 谷丙转氨酶底物：0.90g L-丙氨酸，29.2mg α-酮戊二酸，先溶于pH 7.4的PBS（0.1mol/L）中，然后用1mol/L NaOH调节pH到7.4，再用0.1mol/L的PBS（pH 7.4）定容到100mL，贮存于冰箱中，可使用1周。

③ 0.1mol/L PBS（pH 7.4）：称取13.97g K_2HPO_4 和2.69g KH_2PO_4 溶于蒸馏水中，定容到1000mL。

④ 0.02% 2,4-二硝基苯肼溶液：称取20mg 2,4-二硝基苯肼溶于少量的1mol/L HCl中，把锥形瓶放在暗处并不时摇动（或加热溶解），待2,4-二硝基苯肼全部溶解后，用1mol/L HCl定容到100mL，滤入棕色玻璃瓶内（冰箱内保存）。

⑤ 0.4mol/L NaOH：称取16g NaOH定容到1000mL。

⑥ 0.9%生理盐水：称取0.9g NaCl定容到100mL。

2. 器材

试管及试管架、吸管、恒温水浴锅、分光光度计、移液管、电子天平、研钵、容量瓶、冰箱。

【实验步骤】

1. 标准曲线的绘制

取 6 支试管，分别标上 0、1、2、3、4、5 六个号。按表 6-5 所列的次序添加各试剂。

表 6-5　添加试剂及顺序

试剂	试管号					
	0	1	2	3	4	5
丙酮酸钠标准溶液（2.0μmol/mL）/mL	0	0.05	0.10	0.15	0.20	0.25
谷丙转氨酶底物/mL	0.50	0.45	0.40	0.35	0.30	0.25
磷酸缓冲液（0.1mol/L PBS，pH 7.4）/mL	0.10	0.10	0.10	0.10	0.10	0.10
各管摇匀，置于37℃恒温水浴锅预热 5~10min						
2,4-二硝基苯肼溶液/mL	0.5	0.5	0.5	0.5	0.5	0.5
各管摇匀，置于37℃恒温水浴锅加热 20min						
NaOH 溶液（0.4mol/L）/mL	5.0	5.0	5.0	5.0	5.0	5.0
充分摇匀，室温下静置30min后，以 0 号管作空白，520nm 处比色						
丙酮酸的物质的量/μmol（横坐标）	0	0.1	0.2	0.3	0.4	0.5
A_{520}（纵坐标）						

2,4-二硝基苯肼可与有酮基的化合物作用形成苯腙。底物中的 α-酮戊二酸与 2,4-二硝基苯肼反应，生成 α-酮戊二酸苯腙。因此，在制作标准曲线时，须加入一定量的底物（内含 α-酮戊二酸），以抵消由 α-酮戊二酸产生的消光影响。

先将试管置于 37℃恒温水浴中保温 10min 以平衡内外温度，向各管内加入 0.5mL 2,4-二硝基苯肼溶液后再保温 20min，最后，分别向各管内加入 0.4mol/L 氢氧化钠溶液 5mL，在室温下静置 30min，以 0 号管作空白，测定 520nm 的光吸收值。以丙酮酸的物质的量（μmol）为横坐标，光吸收值为纵坐标，绘出标准曲线。

2. 谷丙转氨酶活力的测定

（1）样品的制备

将鸡处死，取肝脏后用生理盐水冲洗，滤纸吸干后，称取 0.5g 肝脏，剪成小块，加入预冷（冰水或冰箱中）的 pH 7.4 的 PBS 4.5mL，在冰水浴中制成 10%的匀浆，4000r/min 冷冻离心 10min 后保存在冰水中备用。（一组按 10mL 算：10mL×N。）

（2）酶活力的测定

取 2 支干燥洁净的试管并标号，用第 1 号试管作为未知管，第 2 号试管作为空白对照管。按表 6-6 操作。

表 6-6　测定酶活力所加试剂

试剂	试 管 号	
	1	2
谷丙转氨酶底物/mL	0.5	0.5
置于 37℃水浴内预热 5min		
肝脏匀浆/mL	0.1	—
振摇均匀，置于 37℃水浴内继续保温 60min		
2,4-二硝基苯肼溶液/mL	0.5	0.5
肝脏匀浆/mL	—	0.1
氢氧化钠溶液/mL	5	5
充分摇匀，室温下静置 30min 后，以 2 号管作空白，520nm 处比色		
A_{520}		

3. 计算酶活力单位数

在标准曲线上查出丙酮酸的物质的量（μmol）（用每小时产生 1μmol 丙酮酸代表 1.0 单位酶活力），计算每 100mL 血清中转氨酶的活力单位数。

【注意事项】

① 在测定血清谷丙转氨酶时，应事先将底物、血清在 37℃水浴中保温，然后在血清管中加入底物，准确计时。

② 标准曲线上数值在 20～500U 是准确可靠的，超过 500U 时，需将样品稀释。

③ 转氨酶只能作用于 α-L-氨基酸，对 D-氨基酸无作用。实验室多用 α-D，L-氨基酸（较 L-氨基酸价廉），若用 L-氨基酸，则用量减半。

④ 溶血标本不宜使用，因血细胞中转氨酶活力较高，会影响测定效果。

⑤ 血清样品的测定需在显色后 30min 内完成。

⑥ 酶在37℃下与底物作用30min后，以能产生2.5μg的丙酮酸为一个活力单位。

⑦ α-酮戊二酸也能产生苯腙，但在520nm下远较丙酮酸的吸光度低。

⑧ α-酮戊二酸和2,4-二硝基苯肼对显色有一定干扰，注意添加量。

【思考题】

转氨酶的测定在临床上有什么应用？

实验 31
超氧化物歧化酶的提取及酶活性测定

【实验目的】

通过超氧化物歧化酶的提取与分离,学习和掌握蛋白质和酶的提取与分离的基本原理和操作方法。

【实验原理】

超氧化物歧化酶(SOD)是一种具有抗氧化、抗衰老、抗辐射和消炎作用的药用酶,可催化超氧负离子(O_2^-)进行歧化反应,生成氧和过氧化氢。大蒜蒜瓣和悬浮培养的大蒜细胞中含有较丰富的 SOD,将组织或细胞破碎后,可用 pH 7.8 磷酸缓冲液提取出。由于 SOD 不溶于丙酮,可用丙酮将其沉淀析出。

植物叶片在衰老过程中发生一系列生理生化变化,如核酸和蛋白质含量下降、叶绿素降解、光合作用降低及内源激素平衡失调等。这些指标在一定程度上反映衰老过程的变化。近年来大量研究表明,植物在逆境胁迫或衰老过程中,细胞内自由基代谢平衡被破坏而有利于自由基的产生。过剩自由基的毒害之一是引发或加剧膜脂过氧化作用,造成细胞膜系统的损伤,严重时会导致植物细胞死亡。自由基是具有未配对价电子的原子或原子团。生物体内产生的自由基主要有超氧自由基、羟自由基、过氧自由基(ROD)、烷氧自由基(RO)等。植物细胞膜有酶促和非酶促两类过氧化物防御系统,超氧化物歧化酶(SOD)、过氧化氢酶(CAT)、过氧化物酶(POD)和抗坏血酸过氧化物酶(ASA-POD)等是酶促防御系统的重要保护酶。抗坏血酸(维生素 C)、维生素 E 和还原型谷胱甘肽(GSH)等是非酶促防御系统中的重要抗氧化剂。SOD、CAT 等活性氧清除剂的含量水平和 O_2^-、H_2O_2、$OH·$ 等活性氧的含量水平可作为植物衰老的生理生化指标。

SOD 是含金属辅基的酶。高等植物含有两种类型的 SOD:Mn-SOD 和 Cu,Zn-SOD,它们可催化下列反应:

$$O_2^- + O_2^- + 2H \xrightarrow{SOD} H_2O_2 + O_2$$

$$H_2O_2 \xrightarrow{CAT} H_2O + 1/2 O_2$$

由于超氧自由基（O_2^-）为不稳定自由基，寿命极短，测定 SOD 活性一般为间接方法，并利用各种呈色反应来测定 SOD 的活力。邻苯三酚在碱性条件下可迅速自氧化，释放出 O_2^-，生成带色的中间产物，在 420nm 有最大吸收峰。邻苯三酚自氧化产生的中间产物在 40s～3min 这段时间，生成物与时间有较好的线性关系。颜色深→SOD 逐渐增多→颜色浅，即酶活力越大，颜色越浅。

【试剂与器材】

1. 试剂

① A 液：pH 8.2，0.1mol/L 三羟甲基氨基甲烷（Tris）-盐酸缓冲溶液（内含 1mmol/EDTA-Na_2）。称取 1.2114g Tris 和 37.2mg EDTA-Na_2 溶于 62.4mL 0.1mol/L 盐酸溶液中，用蒸馏水定容至 100mL（缓冲液需调 pH 8.2）。

② B 液：4.5mmol/L 邻苯三酚盐溶液。称取邻苯三酚（分析纯）56.7 mg 溶于少量 10mmol/L 盐酸溶液，并定容到 100mL。

③ 10mmol/L 盐酸溶液。

④ 0.05mol/L 磷酸缓冲液（pH 7.8）（用 0.05mol/L pH7.8 Na_2HPO_4 和 0.05mol/L NaH_2PO_4 溶液，以体积比 91.5∶8.5 混合即可）。

⑤ 氯仿-乙醇混合液：V（氯仿）∶V（无水乙醇）＝3∶5。

⑥ 丙酮：用前需预冷至 4～10℃。

2. 器材

恒温水浴锅、冷冻高速离心机、可见分光光度计、玻璃研钵、玻璃棒、烧杯、离心管、量筒、精密 pH 试纸、新鲜蒜瓣。

【实验步骤】

1. 组织细胞破碎

称取 3g 大蒜蒜瓣，置于预冷研钵中，加入少量的石英砂及 5mL 0.05mol/L 磷酸缓冲液，冰浴上研磨成匀浆，移入 15mL 离心管。用 5mL 磷酸缓冲液冲洗研钵，洗涤并入离心管中，磷酸缓冲液的最终体积为 10mL，全部转入离心管中，在 5000r/min 下离心 15min，取上清液（提取液），留出 1mL 备用，准确量取剩余上清液体积。

2. 除杂蛋白

上清液加入 0.25 倍体积的氯仿-乙醇混合液搅拌 15min，5000r/min 离心 15min，得到的上清液为粗酶液。留出 1mL 备用，准确量取剩余上清液体积。

3. SOD 的沉淀分离

粗酶液中加入等体积的冷丙酮,搅拌 15min,5000r/min 离心 15min,得 SOD 沉淀。将 SOD 沉淀溶于 5mL 0.05mol/L 磷酸缓冲液(pH 7.8)中,得到 SOD 酶液。留出 1mL 备用,准确量取剩余上清液体积。

4. SOD 酶活性测定

① 将上述提取液、粗酶液和酶液分别取样,测定各自的 SOD 活力,SOD 活力测定加样程序见表 6-7。

表 6-7 测定 SOD 活力加样程序

试剂	空白管	OD1	OD2		
		对照管	SOD 提取液	SOD 粗酶液	SOD 酶液
A 液/mL	3.00	3.00	3.00	3.00	3.00
SOD 液/mL	0	0	0.1	0.1	0.1
蒸馏水/mL	2.00	1.80	1.7	1.7	1.7
室温放置 20min					
B 液/mL	0	0.2	0.2	0.2	0.2
OD 值					

② 加入邻苯三酚后迅速混匀,准确计时 4min,加一滴浓盐酸停止反应,420nm 测吸光值(OD)。

5. 计算

根据所得结果计算出提取液、粗酶液和酶液酶活力单位、总活力、回收率,并写出计算过程。

其中单位体积酶活力(U/mL)= 2(OD1－OD2)×5/0.1

(1mL 反应液中,每分钟抑制邻苯三酚自氧化速率达到 80% 时的酶量)

总活力(U)= 单位体积酶活力 × 总体积

回收率 = 粗酶液(酶液)总活力/提取液总活力

【注意事项】

① 酶液提取时,为了尽可能保持酶的活性,尽量在冰浴中研磨,在低温中离心。

② 邻苯三酚容易被氧化,操作时要尽量迅速。

【思考题】

① 实验中设定对照管的目的是什么?

② 生物体中,除了 SOD 能清除自由基,还有哪些酶可以?

实验 32
过氧化氢酶活性的测定（碘量法）

【实验目的】

① 掌握碘量法测定过氧化氢酶活性的原理和方法。

② 了解过氧化氢酶的作用。

【实验原理】

生物体重要的三种氧化酶类，其作用均是清除体内自由基：过氧化物酶（POD）、超氧化物歧化酶（SOD）、过氧化氢酶（CAT）。植物在逆境下或衰老时，由于体内活性氧代谢加强而使 H_2O_2 发生累积。H_2O_2 可进一步生成羟自由基（OH·）。羟自由基（OH·）是化学性质最活泼的活性氧，可以直接或间接地氧化细胞内核酸、蛋白质等生物大分子，并且有非常高的速率常数，破坏性极强，可使细胞膜遭受损害，加速细胞的衰老和解体。过氧化氢酶（catalase，CAT）可以清除 H_2O_2、分解羟自由基，保护机体细胞稳定的内环境及维持细胞的正常生活，因此 CAT 是植物体内重要的酶促防御系统之一，其活性高低与植物的抗逆性密切相关。CAT 活性大小以一定时间内分解的 H_2O_2 量来表示。

在一定条件下，CAT 能把 H_2O_2 分解为 H_2O 和 O_2。当 CAT 与 H_2O_2 反应一定时间（t）后，再用碘量法测定未分解的 H_2O_2，以钼酸铵作催化剂，H_2O_2 与 KI 反应，放出游离碘，然后用硫代硫酸钠滴定碘，反应式为：

$$H_2O_2 + 2KI + H_2SO_4 \longrightarrow I_2 + K_2SO_4 + 2H_2O$$

$$I_2 + 2Na_2S_2O_3 \longrightarrow 2NaI + Na_2S_4O_6 \text{（连二硫酸钠）}$$

用硫代硫酸钠分别滴定空白液（可求出总的 H_2O_2 量）和反应液（可求出未分解的 H_2O_2 量），再根据二者滴定值之差求出分解的 H_2O_2 量。

【试剂与器材】

1. **试剂**

① 0.05mol/L H_2O_2。

② 0.2mol/L $Na_2S_2O_3$。

③ 1.8mol/L H_2SO_4。

④ 1.5%淀粉溶液。

⑤ 10% $(NH_4)_6Mo_7O_{24}$。

⑥ 20% KI。

⑦ $CaCO_3$。

⑧ 石英砂。

2. 器材

滴定管、研钵、容量瓶、移液管、三角瓶（100mL）、三叶草。

【实验步骤】

1. 酶液提取

称取0.5g三叶草，加少量石英砂、$CaCO_3$、2mL水，研成匀浆，移入50mL容量瓶，冲洗研钵数次，定容，静置，过滤。

2. 酶促反应

① 取锥形瓶2个，编号A、B，各加入10mL酶液，之后立即向A瓶中加入1.8mol/L H_2SO_4 5mL，终止酶活性，作空白滴定。

② 向A、B两瓶各加 H_2O_2 5mL，摇匀，在加入B瓶那一刻起记录时间，5min后迅速向B瓶中加入1.8mol/L H_2SO_4 5mL，终止酶活性。

3. 滴定

向A、B两瓶各加1mL 20% KI和3滴 $(NH_4)_6Mo_7O_{24}$，摇匀后迅速加入5滴1.5%淀粉溶液，用 $Na_2S_2O_3$ 进行滴定至蓝色恰好消失，记录两次消耗 $Na_2S_2O_3$ 的体积 V_A（空白）和 V_B（反应液）（表6-8）。

表6-8 滴定程序

管号	酶液/mL	1.8mol/L H_2SO_4/mL	0.05mol/L H_2O_2	保温	1.8mol/L H_2SO_4/mL	20% KI溶液/mL	钼酸铵溶液/滴	淀粉溶液/滴	0.2mol/L $Na_2S_2O_3$溶液的滴定量
A空白	10	5	5	5min	—	1	3	5	V_A（空白）=
B反应液	10	—	5		5	1	3	5	V_B（反应液）=

4. 计算与结果分析

① 被分解的 H_2O_2 量（mg）=（空白滴定值－样品滴定值）(L)× $Na_2S_2O_3$ 物质的量浓度（mol/L）×34g/mol× $\frac{1}{2}$ ×1000

② CAT 活性 [mg/ (g·min)] = $\dfrac{\text{被分解的过氧化氢量(mg)} \times [\text{总体积(mL)/测定取液量体积(mL)}]}{\text{样品量(g)} \times \text{时间(min)}}$

【注意事项】

① 测定时间要准确。

② 若酶活力过大，需要进行适当稀释。

③ 滴定终点的判定要准确。

【思考题】

① 本实验中影响 CAT 活性测定的因素有哪些？

② 过氧化氢酶与哪些生化过程有关？

实验 33
苯丙氨酸解氨酶的纯化及活性测定

【实验目的】

① 掌握纯化酶的基本操作和方法。
② 学习一种常用的酶活力测定法。

【实验原理】

苯丙氨酸解氨酶（L-phenylalanine：ammonia lyase，PAL；EC4.3.1.5）是植物体内苯丙烷类代谢的关键酶，与一些重要的次生物质如木质素、异黄酮类植保素、黄酮类色素等合成密切相关，在植物正常生长发育和抵御病菌侵害过程中起重要作用。PAL 催化 L-苯丙氨酸裂解为反式肉桂酸，反式肉桂酸在 290nm 处有最大吸收值。若酶的加入量适当，A_{290} 升高的速率可在几小时内保持不变，因此通过测定 A_{290} 升高的速率以测定 PAL 活力。规定 1h 内 A_{290} 增加 0.01 为 PAL 的一个活力单位。酶的比活力是指样品中每毫克蛋白质所含的酶活力单位数。在实验中将会看到，随着 PAL 逐步被纯化，其比活力也逐步增加。在蛋白质溶液中加入一定量的中性盐（如硫酸铵、硫酸钠等）使蛋白质沉淀析出称为盐析。溶液的盐浓度通常以盐溶液的饱和度表示，饱和溶液称为 100% 饱和度。沉淀某一种酶所需的具体浓度需要经实验确定。

交联葡聚糖凝胶（商品名称为 Sephadex）是由细菌葡聚糖长链，通过交联剂 1-氯-2,3-环氧丙烷交联而成。凝胶商品名后面的 G 值表示每克干胶吸水量（以 mL 计）的 10 倍。交联度大，网孔小；交联度小，网孔大。交联度的大小还与凝胶颗粒的机械强度有关，交联度大，机械强度也大（硬胶），在柱色谱过程中流速快。根据需要，选用一定型号的凝胶作柱色谱介质（蛋白脱盐一般用 G-25 或 G-50，G-100～G-200 分离不同分子量的蛋白质组分）。当被分离物质的分子大小和形状不同，分子量大的由于不能进入凝胶的网孔中，而沿着颗粒间隙最先流出柱子；分子量小的由于进入凝胶网孔中被阻滞，从而后流出柱子，达到分离的目的。

DEAE 纤维素是以天然纤维素为母体联结了二乙基氨基乙基制备而成的。DEAE 纤维素柱色谱属于阴离子交换色谱中的一种，DEAE 纤维素经过处理上柱后，由于静电引力等可吸附固定相和流动相中的一些阴离子（如 OH⁻、Cl⁻ 等）。蛋白质分子在水溶液中可以作两性解离，控制溶液 pH，可使蛋白质分子成为阴离子或成为阳离子。洗脱时，可以用阶段洗脱法（stepwise elution），即先后更换不同离子强度（或 pH）的洗脱液；也可以用梯度洗脱法（gradient elution），使洗脱液的 pH 或离子强度在洗脱过程中产生一个连续的梯度变化。

【试剂与器材】

1. 试剂

① 0.1mol/L 硼酸-硼砂缓冲液（pH 8.7）。

② 酶提取液：0.1mol/L 硼酸-硼砂缓冲液（含 1mmol/L EDTA、20mmol/L β-巯基乙醇）。

③ 0.6mol/L 苯丙氨酸溶液。

④ 6mol/L HCl。

⑤ 固体硫酸铵。

⑥ 0.02mol/L 磷酸盐缓冲液（pH 8.0，含 0.5mmol/L EDTA，2.5％甘油，20mmol/L β-巯基乙醇）。

⑦ Sephadex G-25。

⑧ DEAE 纤维素 52。

⑨ 标准蛋白质溶液（100μg/mL）：准确称取 10mg 牛血清白蛋白于烧杯内，用蒸馏水溶解，完全转移到 100mL 容量瓶内，定容至刻度，混匀。

⑩ 考马斯亮蓝 G-250 蛋白质染色液：称取 10mg 考马斯亮蓝 G-250，溶于 5mL 95％乙醇中，加入 0.85g/mL 磷酸 10mL，混匀后即为母液。用时，按 15mL 母液加 85mL 蒸馏水的比例稀释，混匀后过滤即为稀释液。

2. 器材

高速冷冻离心机、研钵、恒温水浴锅、电子天平、分光光度计、刻度试管、烧杯、剪刀、量筒、色谱柱、滴管、止水夹、纱布、离心管、玻璃棒、滤纸、供试植物材料。

【实验步骤】

1. 酶液提取

① 水芹幼苗 1g，剪成小段，加入 5 倍体积的酶提取液，于冰浴上用研钵研磨。

② 将已匀浆的酶液，用三层纱布过滤，滤液转入离心管，10000r/min 冷冻离心 30min。

③ 取离心后的上清液（酶粗提液），量出其体积，放置冰浴中备用。

2. 硫酸铵分级沉淀酶蛋白

① 从酶粗提液中吸出 0.5mL，以作后面活力测定用，余下酶液根据实际体积、温度和硫酸铵饱和度用量表（见附录16），算出达到 38% 饱和度应加入酶液中的硫酸铵量，并称硫酸铵。

② 将酶液倒入烧杯内，边缓慢搅拌边缓慢加入称好的固体硫酸铵，待全部加完后，再缓慢搅拌 10min；然后于 10000r/min 下冷冻离心 10min，保留上清液于烧杯内。

③ 根据硫酸铵饱和度用量表，算出从 38% 到 75% 饱和度的硫酸铵用量。

④ 按上述②步同法处理，离心后，弃去上清液，保留沉淀。

⑤ 将沉淀溶于 1mL 酶提取液中。

3. Sephadex G-25 色谱脱盐

① 凝胶溶胀：称取 Sephadex G-25 5g，加入适量 0.02mol/L 磷酸盐缓冲液，在室温下溶胀。待溶胀平衡后，虹吸去除上清液中的细小凝胶颗粒，这样处理 2～3 次。

② 装柱：固定好色谱柱，柱保持垂直，将 20mL 蒸馏水装入柱内，打开止水夹赶去出口内气泡，当柱内保留 1mL 左右水层时，把处理好的 Sephadex G-25 用玻璃棒搅匀，尽量一次加入柱内，待胶床表面仅有 1～2mL 液层时，旋紧止水夹。装好的胶柱应无气泡、无节痕、床面平整，床面铺一张圆形滤纸片。

③ 上样：让胶床表面几乎不留液层，将 1mL 酶液小心注入胶床面中央，注意不要冲坏床面，吸取 1mL 磷酸盐缓冲液，把吸附在玻璃壁上的沉淀液洗入柱内，在床表面仅有 1mL 左右液层时，再小心地用滴管加入 5～6cm 高的磷酸缓冲液洗脱。

④ 洗脱收集：取刻度试管 5 支（包括上面一支），编号，柱床上面不断加磷酸盐缓冲液洗脱，出水口不断用刻度试管收集洗脱液，每管收集 3mL。

⑤ 测定每管的 PAL 酶活力，合并 PAL 活力高的试管，记为酶洗脱液。

4. DEAE 纤维素柱梯度洗脱

① 称取 DEAE 纤维素 52 干粉 1～1.5g，加 20mL 的 0.02mol/L 磷酸盐缓冲液（pH 8.0）浸泡 4h 以上（或浸泡过夜）。

② 装柱：把预处理的 DEAE 纤维素 52 装柱（方法及要求同凝胶色谱柱）。装柱完成后，用 2～3 个床体积的 0.02mol/L 磷酸盐缓冲液（pH 8.0）洗脱平衡该柱。

③ 上样：把所得的酶洗脱液小心地注入柱床面中央，所有注意点和方法也与凝胶色谱中上样相似。上样结束后，在床面以上小心地加入 0.02mol/L 磷酸盐缓冲液 2～3cm 厚液层。注意上样开始就收集流出液。

④ 洗柱：约用 2 倍床体积的 0.02mol/L 磷酸盐缓冲液洗柱，收集洗脱液。按洗脱管编号，每隔 3 管（如 1、4、7 等）取其洗脱液 0.1mL，测各管中 PAL 的活力；合并含有 PAL 活力高的各管洗脱液，并量出其体积（mL）。

5. 酶活力测定

① 取试管 3 支，按表 6-9 中所述（0 号为调零管，1 号为测定管，2 号为对照管）加入各试剂。

表 6-9　测定酶活力所加试剂

试剂	0	1	2
pH8.7 的 0.1mol/L 硼酸-硼砂缓冲液/mL	4.00	3.90	4.90
酶液/mL	—	0.10	0.10
0.6mmol/L L-苯丙氨酸溶液/mL	1.00	1.00	—

② 将各管混匀，放入 40℃ 恒温水浴保温 1h，到时加 0.2mL 2mol/L HCl 终止反应。

③ 紫外分光光度计预热 10min，于波长 290nm 处测定各管的 A_{290}。

6. **蛋白质含量测定（考马斯亮蓝染色法）**

① 取酶液 0.1mL，用蒸馏水稀释至 5mL。

② 取试管 8 支，按表 6-10 加入各溶液。

表 6-10　测定蛋白质含量所加试剂

溶液	0	1	2	3	4	5	6	7
标准蛋白质溶液/mL	0	0.2	0.4	0.6	0.8	1.0	—	—
稀释酶液/mL	—	—	—	—	—	—	1.0	1.0
蒸馏水/mL	2.0	1.8	1.6	1.4	1.2	1.0	1.0	1.0
考马斯亮蓝/mL	2.0	2.0	2.0	2.0	2.0	2.0	2.0	2.0

③ 将上述各试管混匀，静置 2min，测定各管的 A_{595}。

7. PAL 总活力、比活力、蛋白质含量的计算

可按表 6-11 各步骤计算 PAL 总活力、比活力、蛋白质含量。

表 6-11　计算 PAL 总活力、比活力、蛋白质含量

步骤	体积/mL	蛋白质含量/mg	总活力/m	比活力/（m/mg）
粗提				

续表

步骤	体积/mL	蛋白质含量/mg	总活力/m	比活力/（m/mg）
硫酸铵沉淀				
凝胶色谱				
离子交换色谱				

① 绘制蛋白质测定的标准曲线：以表 6-10 1～5 号管溶液的 A_{595} 值为纵坐标，相应管中的蛋白质为横坐标，作图。

② PAL 比活力计算：酶比活力 $= \dfrac{\text{酶液中 PAL 总活力}}{\text{酶液中蛋白质质量（mg）}}$。

【注意事项】

① 往酶液中加固体硫酸铵时，注意不能有大颗粒，加的速度也不能过快。
② 色谱柱要保持与地面垂直，往柱内加样品时要小心，避免冲坏床面。

【思考题】

① 在 PAL 活力测定中，设置 0 号管和对照管的目的是什么？
② 如何确定硫酸铵沉淀某所需酶蛋白的最佳饱和度的范围？
③ Sephadex G-25 柱色谱脱盐成功的关键有哪些？
④ 如果将 DEAE 纤维素换为 CM 纤维素（阳离子交换剂），其他条件均不变，问各蛋白质的洗脱行为有何变化？

实验 34
聚丙烯酰胺凝胶电泳分离血清 LDH 同工酶

【实验目的】

① 掌握聚丙烯酰胺凝胶电泳的基本原理。
② 熟悉聚丙烯酰胺凝胶圆盘电泳分离蛋白质的操作技术。

【实验原理】

目前发现乳酸脱氢酶有五种同工酶，分别是 LDH_1、LDH_2、LDH_3、LDH_4、LDH_5，根据五种同工酶分子结构以及理化性质的不同，pI 各不相同，在同一 pH 条件下带电荷多少不同，在电场中移动速度不同，可用电泳法将其分离。

采用聚丙烯酰胺凝胶圆盘电泳可将新鲜血清中的乳酸脱氢酶同工酶进行分离，然后用由乳酸、NAD^+、PMS、NBT 组成的染色液染色，显示清楚的五条色带，即五种乳酸脱氢酶同工酶，从阳极到阴极分别是 LDH_1、LDH_2、LDH_3、LDH_4、LDH_5。最后将分离的乳酸脱氢酶凝胶柱用薄层色谱扫描仪在 560nm 波长处扫描，测出光密度，计算出各种 LDH 同工酶的含量。

【试剂与器材】

1. 试剂

① 30％丙烯酰胺贮存液。
② 0.14％过硫酸铵。
③ 1％TEMED 缓冲液。
④ 电泳缓冲液：称取 Tris 6g，甘氨酸 28.8g，加蒸馏水 1000mL，pH 为 8.3，使用时稀释 10 倍。
⑤ 0.5mol/L 染色缓冲液：称取 Tris 60.57g，1mol/L HCl 425mL，加蒸馏水 1000mL，pH 为 7.2。
⑥ 1mol/L 乳酸钠溶液制备：取 85％乳酸 2mL，用 1mol/L NaOH 调至中性（约 22mL），或用 60％乳酸钠 17.7mL，加水至 100mL。
⑦ 基本染色液：称取硝基蓝四唑（氮蓝四唑，NBT）30mg，辅酶 I

（NAD）50mg，吩嗪二甲酯硫酸盐（PMS）2mg，0.5mol/L 染色缓冲液 15mL，1mol/L 乳酸钠溶液 10mL，0.1mol/L NaCl 溶液 5mL，加水至 100mL。

⑧ 2％醋酸固定液：2mL 冰醋酸加水至 100mL。

⑨ 0.01％溴酚蓝-20％蔗糖溶液指示剂。

2. 器材

真空泵、圆盘电泳槽、电泳仪、刻度吸管、微量加样器、长头注射器、烧杯、玻璃管、滤纸血清等。

【实验步骤】

1. 准备玻璃管

准备 5mm×60mm 玻璃管若干支，洗净烤干，管下端套一橡皮套或瓶塞，垂直插入管架上。

2. 配制凝胶

TEMED 缓冲液 1.5mL，30％Acr-Bis 溶液 4mL，蒸馏水 6mL，混匀真空抽气 5min；再加 0.14％过硫酸铵 6mL，轻轻摇匀准备装管。

3. 装管

用细长滴管或长头注射器吸取凝胶装入玻璃管中，高度距离管上口 8mm 为宜，检查管内无气泡后，向胶面缓缓注入蒸馏水约 4mm 高度，在自然光下聚合约 40min，见水与胶之间有明显界面出现，为胶已聚合。用滤纸条吸取凝胶上方水层，取下管底部的橡皮套管，将凝胶管垂直插入电泳槽圆孔中并尽量使各管高度一致。

4. 加样

用微量加样器每管加血清 20μL，再加一滴溴酚蓝指示剂。用电极缓冲液将胶管顶端注满，小心避免样品混合。在上下槽中加入电极缓冲液，上槽应漫过胶管上口。

5. 电泳

接通电源，负极接上槽，正极接下槽，调电流 2.5mA/管或调电压 200V，保持电压稳定。等染料迁移到距凝胶下口约 5mm 处时，停止电泳。时间约 2h。

6. 出胶

用长头注射器吸满水，将针头小心插入凝胶与玻璃管壁之间，边推水边旋转胶管，凝胶柱即可脱出。将每条胶柱放入小试管内。

7. 染色

管内加染色液，放 37℃水浴保温待淡紫色区带出现（约 30min）。倒出染色液并用水洗去凝胶柱表面染色液,加入醋酸溶液以终止酶促反应。

8. 扫描测含量

将分离的 LDH 同工酶凝胶柱用薄层色谱扫描仪在 560nm 波长处扫描,测出光密度。

9. 计算出各种 LDH 同工酶的含量

计算方法:

$$总光密度\ T = OD_{LDH_1} + OD_{LDH_2} + OD_{LDH_3} + OD_{LDH_4} + OD_{LDH_5}$$

$$各种\ LDH\ 同工酶含量 = \frac{各种\ LDH\ 同工酶光密度}{总光密度}$$

正常人血清 LDH 各同工酶含量百分比是:LDH_1 33.4%,LDH_2 42.8%,LDH_3 18.5%,LDH_4 3.9%,LDH_5 1.4%,不同方法测定值略有不同。

【注意事项】

① 所用器材必须清洁,特别是制备凝胶柱所用的玻璃管每次用后必须用洗液浸泡,再常规清洗,否则凝胶剥离困难。

② 丙烯酰胺和 N,N-亚甲基双丙烯酰胺是神经性毒剂,对皮肤有刺激作用,应避免直接接触,应佩戴手套与口罩。

③ 电泳完毕后,上下槽电极缓冲液不可混合,因离子强度和 pH 值都已发生改变。

【思考题】

① 简述 LDH 同工酶活性染色原理。
② 聚丙烯酰胺凝胶法分离蛋白质的原理是什么?

实验 35
血清 GPT 测定（赖氏法）

【实验目的】

① 了解血清 GPT 活性测定的原理及测定方法。
② 掌握血清 GPT 活性测定的临床意义。

【实验原理】

丙氨酸与 α-酮戊二酸在谷丙转氨酶（GPT）的作用下生成丙酮酸和谷氨酸，在反应到达规定时间时，加入 2,4-二硝基苯肼-盐酸溶液以终止反应。生成的丙酮酸与 2,4-二硝基苯肼作用，生成丙酮酸 2,4-二硝基苯腙。后者在碱性条件下显棕红色，根据颜色的深浅，求得血清中谷丙转氨酶的活力。反应式如下：

$$\underset{\text{丙氨酸}}{\begin{array}{c}CH_3\\|\\HC-NH_2\\|\\COOH\end{array}} + \underset{\alpha\text{-酮戊二酸}}{\begin{array}{c}COOH\\|\\C=O\\|\\CH_2\\|\\CH_2\\|\\COOH\end{array}} \underset{}{\overset{GPT}{\rightleftharpoons}} \underset{\text{丙酮酸}}{\begin{array}{c}CH_3\\|\\C=O\\|\\COOH\end{array}} + \underset{\text{谷氨酸}}{\begin{array}{c}COOH\\|\\CHNH_2\\|\\CH_2\\|\\CH_2\\|\\COOH\end{array}}$$

$$\underset{\text{丙酮酸}}{\begin{array}{c}CH_3\\|\\C=O\\|\\COOH\end{array}} + \underset{\text{2,4-二硝基苯肼}}{H_2N-NH-\underset{NO_2}{\underset{|}{\bigcirc}}-NO_2} \overset{NaOH}{\underset{-H_2O}{\rightleftharpoons}} \underset{\text{丙酮酸2,4-二硝基苯腙（红棕色）}}{\begin{array}{c}CH_3\\|\\C=N-NH-\underset{NO_2}{\underset{|}{\bigcirc}}-NO_2\\|\\COOH\end{array}}$$

【试剂与器材】

1. 试剂

① 0.1mol/L 磷酸盐缓冲液（pH 7.4）：称取磷酸氢二钠（Na_2HPO_4，分

析纯）11.928g，磷酸二氢钾（KH$_2$PO$_4$，分析纯）2.176g，加少量蒸馏水溶解并稀释至1000mL。

② GPT底物液：称取 α-酮戊二酸 29.2mg，D,L-丙氨酸 1.79g 于烧瓶中，加 0.1mol/L pH 7.4 磷酸盐缓冲液 80mL，煮沸溶解后冷却，用 1mol/L NaOH 调节 pH 至 7.4（约加入 0.5mL），再用 0.1mol/L 磷酸盐缓冲液在容量瓶内加至 100mL，混匀，加氯仿数滴，置冰箱可保存数周。

③ 丙酮酸标准液（2μmol/mL）：精确称取丙酮酸钠（分析纯）22.0mg 于 100mL 容量瓶中，加 0.1mol/L pH 7.4 磷酸盐缓冲液至刻度。

④ 2,4-二硝基苯肼溶液：称取 2,4-二硝基苯肼 19.8mg，用 10mol/L 盐酸 10mL 溶解后，加蒸馏水至 100mL，置棕色瓶内，4℃冰箱保存。

⑤ 0.4mol/L NaOH 溶液：称取 16g NaOH 溶于适量蒸馏水中，然后稀释至 1000mL。

2. 器材

试管、刻度吸管、恒温水浴箱、分光光度计、人血清。

【实验步骤】

1. 标准曲线绘制

根据表 6-12 进行操作。

表 6-12 血清 GPT 测定（赖氏法）标准曲线绘制操作步骤

加入物	管号					
	0	1	2	3	4	5
丙酮酸标准液（2μmol/mL）/mL	0	0.05	0.10	0.15	0.20	0.25
GPT 底物液/mL	0.05	0.45	0.40	0.35	0.30	0.25
0.1mol/L pH 7.4 磷酸盐缓冲液/mL	0.1	0.1	0.1	0.1	0.1	0.1
混匀，置 37 ℃水浴，保温 30min						
2,4-二硝基苯肼/mL	0.05	0.05	0.05	0.05	0.05	0.05
混匀，置 37 ℃水浴，保温 20min						
0.4mol/L NaOH/mL	5.0	5.0	5.0	5.0	5.0	5.0
相当于 GPT 单位	0	28	57	97	150	200

混匀，静置 10min，用 505nm 波长比色，以蒸馏水调零，读取各管吸光度，将各管吸光度值减去"0"号管吸光度值，以吸光度为纵坐标，各管相应

的酶活力单位为横坐标,绘制成标准曲线。

2. 取 2 支试管按表 6-13 操作

表 6-13　血清 GPT 测定(赖氏法)操作步骤

加入物	测定管	对照管
血清/mL	0.1	0.1
GPT 底物液/mL	0.5	—
混匀,置 37 ℃水浴,保温 30min		
2,4-二硝基苯肼/mL	0.5	0.5
GPT 底物液/mL	—	0.5
混匀,置 37 ℃水浴,保温 20min		
0.4mol/L NaOH	5.0	5.0

混匀,静置 10min,用 505 nm 波长比色,以蒸馏水调零,读取各管吸光度,用测定管吸光度值减去对照管吸光度值,查标准曲线测定血清中 GPT 活力单位。

【注意事项】

① 血清及标准液的加量要准确。
② 温度的控制很重要。

【思考题】

① 实验结果如何?请分析结果。
② 说出血清 GPT 定量测定的方法及临床意义。

实验 36
碱性磷酸酶的分离提取及比活力的测定

【实验目的】

① 学习蛋白质分离纯化的一般原理和步骤。
② 掌握碱性磷酸酶制备的操作技术及比活力测定的方法。

【实验原理】

碱性磷酸酶（alkaline phosphatase EC 3.1.3.1，简称为 ALPase）广泛存在于微生物界和动物界。ALPase 能催化几乎所有磷酸单酯的水解反应，产生无机磷酸和相应的醇、酚或糖。它也可以催化磷酸基团的转移反应，磷酸基团从磷酸酯转移到醇、酚或糖等磷酸受体上。在磷的生物和化学循环过程中，ALPase 起了极其重要的作用。在生物体内 ALPase 与磷的代谢直接相关，参与磷与钙物质的消化、吸收、分泌以及骨骼的形成等生理生化过程。ALPase 作用的最适 pH 在碱性区域，一般在 pH 9.0～10.5 范围内。Mg^{2+} 对该酶的活力有显著的激活作用。

酶活力的分析：通常是以对硝基苯磷酸二钠（pNPP）为底物，在 pH 10.1 的碳酸盐缓冲液（含 2mmol/L Mg^{2+}）的测活体系中检测酶催化 pNPP 水解产生黄色的对硝基苯酚（pNP）的量。产物 pNP 在 405 nm 处有最大的吸收峰，可以根据 OD_{405} 值的增加计算酶活力的大小。酶活力定义：在 37℃下，以 1mmol/L pNPP 为底物，在 pH10.1 的碳酸盐缓冲液含 2mmol/L Mg^{2+} 的测活体系中每分钟催化产生 1μmol pNP 的酶量定为 1 个酶活力单位。酶的比活力定义为每 1mg 蛋白质所具有的酶活力单位数。蛋白质浓度的测定常采用福林-酚试剂显色或双缩脲法。

【试剂和器材】

1. 试剂

① 含 0.1mol/L NaCl 的 0.01mol/L Tris-HCl 缓冲液（pH 7.5）：称取三羟甲基氨基甲烷（Tris 分子量为 121.4）1.214g，NaCl 5.8g，溶于蒸馏水中，加入 80mL 0.1mol/L HCl，用蒸馏水定容到 1000mL。

② 硫酸铵（分析纯）。

③ 0.1mol/L Na_2CO_3-$NaHCO_3$ pH10.1 缓冲液：分别取 A 液 70mL，B 液 30mL 混匀，用酸度计准确调节 pH=10.1。

A 液（0.1mol/L Na_2CO_3 溶液）：取 28.6g $Na_2CO_3 \cdot 10H_2O$ 溶于 1000mL 蒸馏水中。

B 液（0.1mol/L $NaHCO_3$ 溶液）：取 8.4g $NaHCO_3$ 溶于 1000mL 蒸馏水中。

④ 20mmol/L $MgCl_2$：称取 1.904g $MgCl_2$ 溶于 1000mL 蒸馏水中。

⑤ 0.5μmol/mL 对硝基苯酚（pNP 分子量为 139.11）溶液：精确称取 17.39mg 对硝基苯酚，用蒸馏水溶解并定容至 250mL。

⑥ 5mmol/L 对硝基苯磷酸二钠（pNPP）：称取 371.2mg pNPP 溶于 100mL 蒸馏水中。

⑦ 0.2mol/L NaOH：称取 8g NaOH 溶于 1000mL 蒸馏水中。

⑧ 0.1mol/L NaCl：称取 5.85g NaCl 溶于 1000mL 蒸馏水中。

⑨ 正丁醇。

⑩ 双缩脲试剂的配制参考蛋白质含量测定实验。

2. 器材

高速组织捣碎机、离心机、恒温水浴锅、酸度计、分光光度计、分析天平、透析袋、磁力搅拌器、冰箱、秒表、50μL 微量进样器、新鲜牡蛎。

【实验步骤】

1. 牡蛎碱性磷酸酶的分离提取

① 称取 100g 牡蛎（蒸馏水洗净），加入 150mL 预先冷却的 0.01mol/L Tris-HCl 缓冲液（pH 7.5，含 0.1mol/L NaCl），于高速组织捣碎机匀浆 1min，量匀浆液体积，于冰箱 4℃放置 1h 进行抽取（留匀浆液 10mL，采用离心或过滤，得到上清液，待测酶的比活力）。

② 缓慢加入体积分数 20%的冰冷的正丁醇，边加边搅拌均匀。冰箱放置 1～2h。

③ 室温离心，4000 r/min 离心 30min，收集离心上清液，并量体积（留 5mL 上清液，对含 0.1mol/L NaCl 的 0.01mol/L Tris-HCl 缓冲液 pH 7.5 透析平衡，待测酶的比活力）。

④ 在正丁醇处理的上清液中加入研磨成细粉的固体硫酸铵至 35%饱和度（100mL 加入 20.9g）。缓慢加入，不断搅拌溶解，置冰箱静置 1h。

⑤ 室温离心，4000r/min 离心 30min，收集离心上清液，并量体积（留

5mL 上清液，对 0.01mol/L Tris-HCl 缓冲液 pH 7.5 含 0.1mol/L NaCl 透析平衡，待测酶的比活力）。

⑥ 在 35％饱和硫酸铵上清液中加入研磨成细粉的硫酸铵至 70％饱和度（100mL 加入 23.8g）。缓慢加入，不断搅拌溶解，置冰箱静置 2h。

⑦ 室温离心，4000r/min 离心 30min，收集沉淀物。

⑧ 得到沉淀物，溶于 20mL 含 0.1mol/L NaCl 的 0.01mol/L Tris-HCl pH 7.5。装入透析袋，放入预冷的 0.01mol/L Tris-HCl pH 7.5 的透析液中透析（常换透析液），至无 SO_4^{2-} 被检测出为止（可用一定浓度 $BaCl_2$ 溶液检验）。

⑨ 取出酶溶液，冷冻高速离心（0℃，25000r/min 离心 30min）。

⑩ 离心上清液即为粗酶制剂，检测酶的比活力。装入棕色瓶于 4℃冰箱保存。

2. 比活力测定

(1) 对硝基苯酚标准曲线的制作

取 15 支试管编号，0 号一支，1～7 号各两支，按表 6-14 操作：

表 6-14 各管所加试剂

管号	0	1	2	3	4	5	6	7
pNP 含量/μmol	0	0.05	0.10	0.15	0.20	0.25	0.30	0.35
0.5μmol/mL pNP/mL	0	0.1	0.2	0.3	0.4	0.5	0.6	0.7
H_2O/mL	0.8	0.7	0.6	0.5	0.4	0.3	0.2	0.1
Na_2CO_3-$NaHCO_3$	各管加入 1.0mL							
20mmol/L $MgCl_2$	各管加入 0.2mL							
0.2mol/L NaOH	各管加入 2.0mL							
OD_{405}								

以对硝基苯酚的绝对量（μmol）为横坐标，OD_{405} 值为纵坐标，绘制标准曲线，求出 pNP 的克分子消光系数（ε）值。

(2) 酶活力的测定

取干净的试管 12 支，编号，1～4 号各 2 支，作为各步的酶样测定管；01～04 各一支，作为相应的样品对照；各管按表 6-15 加入各溶液，于 37℃恒温水浴中预热 5min，1～4 号管分别加入各步酶样 100μL，精确反应 10min，各管加入 2mL 0.2mol/L NaOH 终止反应并显色，01～04 号管先加入 NaOH 后再分别补加对应的酶液 100μL。以 01 号管调零点,于分光光度计测定 1 号管的 OD_{405} 值,同样分别以 02～04 号管调零点,于分光光度计分别测定对应测定管的 OD_{405} 值,从对照标准曲线求出产物的浓度,算出酶活力。

表 6-15　测定酶活力各试管加入试剂表

溶液	1	2	3	4
5mmol/L pNPP	各 0.2mL			
Na_2CO_3-$NaHCO_3$	各管加入 1.0mL			
20mmol/L $MgCl_2$	各管加入 0.2mL			
H_2O	各 0.50mL			
	混匀,37℃,5min			
酶液	测定管分别加入 0.1mL 酶液			
	37℃,精确反应 10min			
0.2mol/L NaOH	各管加入 2.0mL			
酶液	01～04 管分别加入各步酶液 0.1mL			
	分别以 01～04 号管调零点,于分光光度计测定对应测定管的 OD_{405} 值			

(3) 蛋白质浓度的测定(双缩脲法)

上述分离提取的四步酶制剂按一定比例用 Tris-HCl 缓冲液稀释,稀释倍数视溶液的蛋白质浓度高低而定。

取干净的试管 9 支,编号,0 号一支作为空白试验,加入 3.0mL Tris-HCl 缓冲液(pH 7.5);1～4 号各两支,作为各步的酶样测定,各管加入相应的已稀释的酶液 3mL;各管加入双缩脲试剂 3mL,混匀,37℃放置 30min。以 0 号管调零点,于分光光度计测定各管的 OD_{540} 值,从对照标准曲线求出各样品的蛋白质浓度。

3. 计算

$$酶活力(U/mL) = \frac{B}{t \times V_1}$$

$$蛋白浓度(mg/mL) = \frac{c}{V_2} \times A$$

式中,A 为稀释倍数;B 为由标准曲线求出的 pNP 的物质的量,μmol,或者通过摩尔消光系数 ε 计算出的 pNP 的物质的量,μmol;c 为由标准曲线查得的蛋白质质量，mg；t 为反应时间，min；V_1 为测定酶活力所用的酶的体积，mL；V_2 为测定蛋白质浓度所用的酶的体积，mL。

$$酶的比活力（U/mg）=\frac{酶活力（U/mL）}{蛋白质浓度（mg/mL）}$$

将测定的数据或计算结果填入表 6-16。

表 6-16 测定数据或计算结果统计表

步骤	总体积/mL	蛋白质浓度/(mg/mL)	总蛋白/mg	酶活力/(U/mL)	总活力/U	比活力/(U/mg)	纯化倍数	得率/%
匀浆过滤液								
正丁醇处理上清液								
35%饱和（NH$_4$）$_2$SO$_4$ 上清液								
70%饱和（NH$_4$）$_2$SO$_4$ 沉淀								
溶解透析上清液								

纯化倍数＝各步比活力/第一步比活力

得率（％）＝各步总活力×100％/第一步总活力

【注意事项】

① 在加硫酸铵时，需事先将硫酸铵粉末研细。加入过程需缓慢并及时搅拌溶解，搅拌要缓慢，尽量防止泡沫的形成，以免酶蛋白在溶液中变性。

② 测定酶活力时可以将待测定的试管置于试管架放入水浴锅中预热及反应。

③ 在酶的分离提取过程中酶蛋白容易变性而失活，为了获得较好的分离提取效果，在工作中特别注意以下几点：

a. 取用新鲜的材料，提取工作应在获得材料后立刻开始，否则应在低温下保存。选择来源丰富、酶含量高的材料，并要考虑到由于所选用材料的动植物种属及其组织的不同，提取的方法也有差异。

b. 用盐分级沉淀是一种应用非常广泛的方法。由于硫酸铵在水中溶解度很大（20℃，每升可溶 760g），并且对许多酶没有很大的影响，因此它是最常用的盐。在用硫酸铵沉淀酶蛋白时，要注意缓冲液的 pH 值和温度，盐的溶解度随温度不同而有较大的变化，同时酶的溶解度亦随温度的改变而改变。

c. 盐析生成的沉淀，要静置 20min 以上，使其沉淀完全，再进行分离。

可采用离心方法将沉淀物分离出来。

d. 有机溶剂沉淀法也常用于蛋白质的分离提纯，但是选用的有机溶剂要满足以下几个条件：能与水完全混溶；不与蛋白质发生反应；有较好的沉淀效应；溶剂蒸气无毒，且不易燃。因此，丙酮和乙醇是使用最为广泛的两种有机溶剂。

e. 在室温下有机溶剂能使大多数酶失活，因此要注意分离提纯实验必须在低温下进行。有机溶剂应预先冷却，操作时注意慢慢加，并充分搅拌，避免局部浓度过高放出大量热量而使酶蛋白变性。析出的沉淀容易在离心时沉降，因此可采用短时间的离心以析出沉淀，而且最好立即将沉淀溶于适量的冷水或缓冲液中，以避免酶活力的丧失。

f. 在酶的制备过程中，每经一步处理，都需测定酶的活力和比活力，唯有比活力提高较大，提纯步骤才有效。

【思考题】

① 试说明用硫酸铵分级分离酶的方法及应注意的事项。

② 用正丁醇处理匀浆液可以有效地使碱性磷酸酶酶蛋白释放，使酶的产量大大提高，这是为什么？

③ 酶活力测定时，为什么必须先将酶液对缓冲液透析后才测定？

实验 37
凝胶过滤色谱纯化碱性磷酸酶

【实验目的】

① 学习和掌握凝胶过滤色谱分离蛋白质的原理与方法。
② 通过凝胶过滤柱色谱对碱性磷酸酶进行纯化。

【实验原理】

凝胶过滤色谱又称为分子排阻色谱、分子筛色谱（molecular sieve chromatography）。它所用的载体为一定孔径的多孔性亲水性凝胶，这种凝胶具有网状结构，其交联度或网孔大小决定了凝胶的分级范围。当把这种凝胶装入一根细的玻璃管中，使不同蛋白质的混合溶液从柱顶流下，由于网孔大小的影响，对不同大小的蛋白质分子将产生不同的排阻现象。比网孔大的蛋白质分子不能进入网孔内而被排阻在凝胶颗粒周围，先随着溶液往下流动；比网孔小的蛋白质分子可进入网孔内，造成在柱内保留时间长。由于不同的蛋白质分子大小不同，进入网孔的程度不同，流出的速度不同，较大的分子先被洗脱下来，而较小的分子后被洗脱下来，从而达到分离目的。

【试剂与器材】

1. 试剂

① Sephadex G-100。
② 0.01mol/L Tris-HCl 缓冲液，pH 7.5，含 0.1mol/l NaCl：称取三羟甲基氨基甲烷（Tris 分子量为 121.14）1.214g，NaCl 5.8g，溶于蒸馏水中，加入 80mL 0.1mol/L HCl，用蒸馏水定容到 1000mL。
③ 蛋白质浓度测定试剂（参考蛋白质含量测定实验 15）。
④ 测定碱性磷酸酶活力试剂（见实验 36）。
⑤ 牡蛎碱性磷酸酶粗酶液（参考实验 36 制备）。

2. 器材

色谱柱、部分收集器、核酸蛋白质检测仪、记录仪、恒温水浴锅。

【实验步骤】

1. 凝胶的选择与处理

（1）凝胶及柱的选择

根据待分离蛋白质的分子量选择 Sephadex G-100。选用 1.5cm×40cm 的柱子。

（2）凝胶的处理

凝胶型号选定后，将干胶颗粒悬浮于 5～10 倍量的蒸馏水或洗脱液中充分溶胀，溶胀之后将极细的小颗粒倾泻出去。自然溶胀费时较长，加热可使溶胀加速，即在沸水浴中将湿凝胶浆逐渐升温至近沸，1～2h 即可达到凝胶的充分溶胀。加热法既可节省时间又可消毒。

2. 装柱

① 装柱前，必须用真空干燥器抽尽凝胶中空气，并将凝胶上面过多的溶液倾出。

② 先关闭色谱柱出水口，向柱管内加入约 1/3 柱容积的洗脱液，然后边搅拌，边将薄浆状的凝胶液连续倾入柱中，使其自然沉降，等凝胶沉降约 2～3cm 后，打开柱的出口，调节合适的流速，使凝胶继续沉积，待沉积的胶面上升到离柱的顶端约 3～5cm 处时停止装柱，关闭出水口。

3. 凝胶柱的平衡

通过 2～3 倍柱床容积的洗脱液使柱床稳定，然后在凝胶表面上放一片滤纸或尼龙滤布，以防将来在加样时凝胶被冲起，并始终保持凝胶上端有一段液体。

4. 加样

① 准备好部分收集器、核酸蛋白检测仪及记录仪。

② 打开柱上端的螺丝帽塞子，吸出色谱柱中多余液体直至与胶面相切。沿管壁将碱性磷酸酶粗酶液 1mL 小心加到凝胶床面上，应避免将床面凝胶冲起，打开下口夹子，使样品溶液流入柱内，同时收集流出液，当样品溶液流至与胶面相切时，夹紧下口夹子。按加样操作，用 1mL 洗脱液冲洗管壁 2 次。最后在凝胶上方加满洗脱液，旋紧上口螺丝帽，柱进水口连通恒压瓶，柱出水口与核酸蛋白质检测仪比色池进液口相连，比色池出液口再与自动部分收集器相连（图 6-1）。

5. 洗脱

洗脱时，打开上、下进出口夹子，用 0.010mol/L Tris-HCl 缓冲液，以每管 3mL/10min 流速洗脱，用自动部分收集器收集流出液。

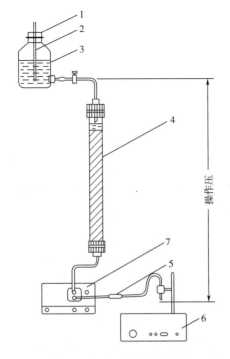

图 6-1　色谱系统连接示意图

1—密封橡皮塞；2—恒压管；3—恒压瓶；4—色谱柱；
5—可调螺旋夹；6—自动收集器；7—核酸蛋白检测仪

6. 碱性磷酸酶活力峰收集

对部分收集器收集的洗脱液进行碱性磷酸酶活力测定，做出碱性磷酸酶的洗脱图谱，收集碱性磷酸酶活力峰，即为经凝胶过滤柱色谱纯化的洗脱液。

7. 测定

对合并后的碱性磷酸酶活力峰进行酶活力和蛋白质浓度的测定，测定其比活力。

【注意事项】

① 各接头不能漏气，连接用的小乳胶管不要有破损，否则造成漏气、漏液。

② 装柱要均匀，既不要过松，也不要过紧，最好在要求的操作压下装柱，流速不宜过快，避免因此压紧凝胶。

③ 始终保持柱内液面高于凝胶表面，否则水分蒸发，凝胶变干。也要防止液体流干，使凝胶混入大量气泡，影响液体在柱内的流动。

【思考题】

在本实验中要注意哪些重要环节？

实验 38
DEAE-纤维素柱色谱纯化碱性磷酸酶

【实验目的】

① 学习和掌握离子交换柱色谱分离蛋白质的原理与方法。

② 通过离子交换柱色谱对碱性磷酸酶进行纯化。

【实验原理】

二乙氨基四乙基纤维素（简称 DEAE-纤维素）是一种弱碱性阳离子交换剂，其活性基团 DEAE 的解离常数 pK 值为 9.5～10.5，在 pH 7.5 的缓冲液中带正电荷，带阴离子的蛋白质（等电点 pI 小于 7.0）能被交换上去。在某一特定 pH 溶液中，由于蛋白质的等电点不同，它们所带的净电荷数也不同，与 DEAE-纤维素的亲和力也就不一样。带正电荷的蛋白质不能被交换，可随洗脱缓冲液流过色谱柱而完全被排阻（此类蛋白质不能被分离）。带负电荷的蛋白质可以被交换，由于不同的蛋白质所带的净电荷量不同，与 DEAE 的结合能力就不同。可以通过改变洗脱液的酸碱度或盐浓度梯度，削弱其结合能力，把结合的蛋白质分别洗脱下来，达到纯化的目的。

【试剂与器材】

1. 试剂

① DEAE-纤维素（DE-32）。

② 0.5mol/L NaOH。

③ 0.5mol/L HCl。

④ 0.01mol/L Tris-HCl 缓冲液（pH 7.5）：取 0.2mol/L Tris 溶液 50mL 与 0.5mol/L HCl 溶液 16mL 混合，加入蒸馏水，酸度计调 pH 为 7.5，稀释定容到 1000mL。

⑤ 含 0.5mol/L NaCl 的 0.01mol/L Tris-HCl 缓冲液 pH 7.5。

⑥ 蛋白质浓度测定试剂：参考蛋白质含量测定实验。

⑦ 测定碱性磷酸酶活力试剂（参考实验 36）。

⑧ 0.2mol/L NaOH。

⑨ 牡蛎碱性磷酸酶粗酶液（参考实验36制备）。

2. 器材

色谱柱、梯度洗脱仪、记录仪、恒温水浴锅、自动部分收集器、核酸蛋白质检测仪、分光光度计、酸度计、移液器。

【实验步骤】

1. DEAE-纤维素的预处理

称取一定量的DEAE-纤维素粉，用蒸馏水浸泡2~4h，倒去上层水相，加入蒸馏水洗净。用真空泵抽干后，用0.5mol/L HCl溶液浸泡洗涤0.5h，抽干，用大量的蒸馏水洗涤到中性；再用0.5mol/L NaOH溶液浸泡洗涤0.5h，抽干，用大量的蒸馏水洗涤到中性；最后用0.5mol/L HCl溶液浸泡0.5h，进行改型，抽干，用大量的蒸馏水洗涤到中性；再用0.01mol/L Tris-HCl缓冲液（pH 7.5）洗涤数次，洗至恒定pH，平衡到pH 7.5，浸泡在0.01mol/L Tris-HCl缓冲液（pH 7.5）中，置冰箱备用。

2. 装柱

选择适当大小的玻璃色谱柱，洗净，垂直安装在架上，夹紧下流口。加入少量0.01mol/L Tris-HCl（pH 7.5）缓冲液（注意柱的下端必须充满液体，不得有气泡），然后缓慢加入已处理好的DEAE-纤维素溶液，打开出口，流速控制在0.5~1.0mL/min，逐步补充加入DEAE-纤维素溶液直至离上端约2cm。接上0.01mol/L Tris-HCl pH 7.5缓冲液洗脱瓶，让其平衡2~5h以上。

3. 准备好部分收集器、核酸蛋白检测仪及记录仪

4. 样品上柱

夹紧下端出口，除去上端平衡缓冲液，用滴管吸走柱上端的缓冲液，留下一层约1mm液层铺盖DEAE-纤维素柱床表面。小心加入牡蛎碱性磷酸酶粗酶样品（注意不要搅动柱床表面），打开下出口，流速控制在0.2mL/min，使酶样品吸附在纤维素柱上。

5. 洗脱

吸附完毕，接上0.01mol/L Tris-HCl（pH 7.5）缓冲液洗脱瓶，让其淋洗约2~3倍的柱床体积的缓冲液，流速控制在0.3mL/min，除去不吸附的杂蛋白。然后接上梯度洗脱仪，NaCl的浓度梯度选择在0~0.5mol/L，洗脱瓶装50mL 0.01mol/L Tris-HCl（pH 7.5）缓冲液，储备瓶装50mL含0.5mol/L NaCl的0.01mol/L Tris-HCl（pH 7.5）缓冲液。洗脱瓶和储备瓶应放置水平，在洗脱瓶内磁力搅拌，使洗脱液的NaCl由储备瓶流向洗脱瓶时，能及时混匀。洗脱液的流速控制在0.3mL/min左右，部分收集器收集，每管3mL。

6. 碱性磷酸酶活力峰收集

分别对部分收集器收集的洗脱液进行碱性磷酸酶活力及蛋白质浓度的测定。

7. 结果分析

记录测定结果，绘制洗脱图谱，即每管的酶活力和蛋白质浓度与管号（洗脱体积）的关系图。从洗脱图可以找出碱性磷酸酶的活力峰，合并活力峰，测定合并液的酶活力与蛋白质浓度，计算总活力和比活力。分析柱的色谱效果，说明过柱色谱后的酶的得率及提纯倍数。

【注意事项】

① 装柱时，凝胶中水不宜过多，一次性将柱加满，凝胶自然下沉后，凝胶高度为色谱柱的 3/4~4/5 为宜。

② 加入样品时应十分注意不要搅动床面，不要使样品与床面上的洗脱液混合。

【思考题】

① 阐明 DEAE-纤维素纯化酶蛋白的原理和方法。

② 实验时应如何选择缓冲液？应考虑哪些因素？

第七章 核 酸

实验 39
质粒 DNA 的提取及定性定量测定

【实验目的】

① 学习并掌握用碱裂解法提取质粒 DNA 的方法。
② 学习并掌握紫外分光光度法检测 DNA 浓度和纯度的原理和方法。

【实验原理】

1. 质粒 DNA 的提取与制备

(1) 碱裂解法

利用质粒 DNA 与染色体 DNA 的变性与复性存在差异进行分离：在 pH 12.0~12.6 的碱性环境中，细菌的大分子量染色体 DNA 变性分开，而共价闭环的质粒 DNA 虽然变性但仍处于拓扑缠绕状态；将 pH 调至中性并有高浓度钾盐存在及低温的条件下，去污剂 SDS 与钾离子反应生成 PDS 沉淀，大部分染色体 DNA 交联形成不溶性网状结构和蛋白质一起随着 PDS 共沉淀，而质粒 DNA 快速复性且为可溶状态。通过离心，可除去大部分细胞碎片、染色体 DNA 及蛋白质；上清液中的质粒 DNA 用酚、氯仿抽提可进一步得到纯化。

(2) 离心色谱柱

利用硅基质膜在高盐、低 pH 值状态下可选择性地结合溶液中的质粒 DNA，而不吸附溶液中的蛋白质和多糖等物质；通过去蛋白液和漂洗液将杂质和其他细菌成分去除；低盐、高 pH 值的洗脱缓冲液将纯净质粒 DNA 从硅基质膜上洗脱下来。

2. 质粒 DNA 的定量分析（紫外分光光度法）

物质在光的照射下会产生对光的吸收效应，且其对光的吸收具有选择性。

各种不同的物质都具有其各自的吸收光谱：DNA 对波长 260nm 的紫外光有特异的吸收峰；蛋白质对波长 280nm 的紫外光有特异的吸收峰；糖类对 230nm 的紫外光有特异的吸收峰。A_{260}/A_{280} 的比值可以反映 DNA 的纯度：

$A_{260}/A_{280}=1.8$，表示 DNA 纯净；

$A_{260}/A_{280}<1.8$，表示样品中含蛋白质（芳香族）或酚类物质；

$A_{260}/A_{280}>1.8$，表示含 RNA 杂质，用 RNA 酶去除。

【试剂与器材】

1. 试剂

（1）溶液Ⅰ

Tris·HCl（pH8.0），25mmol/L；EDTA（pH8.0），10mmol/L；葡萄糖，50mmol/L。

（2）溶液Ⅱ（新鲜配制）

NaOH，0.4mol/L；SDS，20g/L。用前等体积混合。

（3）溶液Ⅲ（100mL）

5mol/L 乙酸钾，60mL；冰醋酸，11.5mL（pH4.8）；水，28.5mL。

（4）酚/氯仿试剂

V（酚）：V（氯仿）[氯仿：异戊醇（24:1）] =1:1。

（5）无水乙醇、70%乙醇

2. 器材

恒温培养箱、台式离心机、离心色谱柱、Eppendorf 管（EP 管）、微量加样枪、离心管、比色杯、紫外分光光度计、含 pUC18 或 pMD19-T 质粒的大肠杆菌 DH5α。

【实验步骤】

① 挑转化后的单菌落接种到含有适当抗生素（Amp）的 LB 液体培养基中，37℃振荡培养过夜。

② 将 1mL 的培养物倒入 1.5mL 的 EP 管中，4℃、12000r/min 离心 1min，弃去培养液，使细菌沉淀尽可能干燥。

③ 将细菌沉淀重悬于 100μL 冰预冷的溶液Ⅰ中，吹打沉淀至完全混匀（无块状悬浮）。

④ 加 200μL 新配制的溶液Ⅱ，立即温和颠倒离心管 5 次，使菌体充分裂解，切勿振荡，将离心管放置于冰上 1~2min（不要超过 2min）。

⑤ 加 150μL 用冰预冷的溶液Ⅲ，反复温和颠倒 5 次，将管置于冰上

3~5min。

⑥ 4℃、12000r/min 离心 15min，将上清液约 400μL 转移到另一离心管中。

⑦ 加等体积的氯仿：异戊醇（24：1）振荡混匀。4℃、12000r/min 离心 10min，将上清液约 300μL 转移到另一离心管中。

⑧ 加 2 倍体积的无水乙醇和 1/10 体积的醋酸钠沉淀质粒 DNA，振荡混匀，于 −20℃ 放置 15min。

⑨ 4℃、12000r/min 离心 5min。小心除去上清液，将附于管壁的液滴除尽。

⑩ 加 1mL 70% 乙醇溶液洗涤沉淀，4℃、12000r/min 离心 5min。弃去上清液，在空气中使 DNA 沉淀干燥。

⑪ 用 20μL 灭菌的蒸馏水溶解 DNA，加 1μL 胰 RNA 酶消化 RNA 30min。

⑫ 离心管中收集到的质粒溶液 50μL 用蒸馏水稀释约 100 倍，以蒸馏水为参比溶液，测定 A_{260} 和 A_{280}；计算 A_{260}/A_{280} 之比，确定其纯度。

【注意事项】

① 提取过程尽量在低温条件下进行。

② 加入溶液Ⅱ后不要剧烈振荡，加入溶液Ⅲ后，复性时间不宜过长。

【思考题】

① 试述在提取质粒过程中溶液Ⅱ、Ⅲ的作用是什么。

② 试述质粒提取过程中氯仿：异戊醇（24：1）各自的作用。

③ 分析实验结果 $A_{260}/A_{280} < 1.8$ 的可能原因。

实验 40
酵母 RNA 的提取及组分鉴定

【实验目的】

了解核酸的组分,并掌握鉴定核酸组分的方法。

【实验原理】

酵母核酸中 RNA 含量较多。RNA 可溶于碱性溶液,在碱提取液中加入酸性乙醇溶液可以使解聚的核糖核酸沉淀,由此即得到 RNA 的粗制品。RNA 含有核糖、嘌呤碱、嘧啶碱和磷酸各组分,加硫酸煮沸可使其水解,从水解液中可以测出上述组分的存在。

① 强酸使核酸分子的有机磷消化为无机磷,使之与钼酸铵结合成磷钼酸铵(黄色沉淀)。

$$PO_4^{3-} + 3NH_4^+ + 12MoO_4^{2-} + 24H^+ \longrightarrow$$
$$(NH_4)_3PO_4 \cdot 12MoO_3 \cdot 6H_2O + 6H_2O$$

当有还原剂(如维生素 C)存在时,Mo^{6+} 被还原成 Mo^{4+},再与试剂中的其他 MoO_4^{2-} 结合成 $Mo(MoO_4)_2$,呈蓝色,称钼蓝。

② RNA 与硫酸共热,生成核糖进而脱水转化为糠醛,以三氯化铁作为催化剂,可与地衣酚反应,生成绿色化合物。

③ 嘌呤碱可与硝酸银反应产生白色的嘌呤银化合物沉淀。

④ 不检测嘧啶碱,是因为与嘌呤碱相比,它难以被水解下来,同时它难检测且现象不明显。

【试剂与器材】

1. 试剂

① 0.2% 氢氧化钠溶液。

② 乙酸。

③ 95% 乙醇。

④ 无水乙醚。

⑤ 浓氨水。

⑥ 水解液 10％硫酸溶液：10.2mL 98％浓硫酸缓缓倾入水中，稀释至 100mL。

⑦ 5％硝酸银溶液：5g 硝酸银用水稀释至 100mL，储存在棕色瓶中。

⑧ 苔黑酚-乙醇试剂：将 6g 苔黑酚溶于 100mL 95％的乙醇溶液。

⑨ $FeCl_3$ 浓盐酸溶液：10％的 $FeCl_3$ 溶液 2mL 与浓盐酸 400mL 混合。

⑩ 定磷试剂：17％的硫酸溶液，2.5％的钼酸铵溶液，10％的抗坏血酸溶液（储存在棕色瓶中，溶液呈淡黄色时可用，如呈深黄色或棕色，则已失效），临用时将上述三种溶液与水按如下比例混合：17％的硫酸溶液∶2.5％的钼酸铵溶液∶水∶10％的抗坏血酸＝1∶1∶2∶1。

2. 器材

pH 试纸、电子天平、托盘天平、烧杯（100mL）、量筒、抽滤瓶、布氏漏斗、试管、离心管、吸管、离心机、水浴锅、试管架、干酵母粉、鲜酵母等。

【实验步骤】

① 用电子天平称 1g 干酵母于研钵中，加入少许石英砂，再加入 2mL 0.2％ NaOH 溶液，在研钵中充分研磨至少 5min。

② 再加 4mL 0.2％ NaOH 溶液于匀浆液中，混匀后，将匀浆液转移到大试管中，再用 4mL 0.2％ NaOH 溶液洗涤研钵，洗涤液并入匀浆液中。

③ 将大试管小心在沸水浴中加热 30min，冷却后倒入离心管中，与另一组同学的离心管在托盘天平上平衡，然后两组的离心管对称地放入离心机中，2000r/min 下离心 15min。

④ 吸取 10mL 酸性乙醇（用乙酸调 pH 至 5）溶液于小烧杯中，将离心管上清液小心倒入小烧杯中，边倒入边搅拌，直到 RNA 沉淀完全。

⑤ 将小烧杯中的液体倒入 2 个干净的离心管，平衡、离心（2000r/min）3min。

⑥ 弃去两离心管上清液，各离心管中加入 95％乙醇 2.5mL，振荡、混匀、平衡、离心（2000r/min）3min。

⑦ 弃去两离心管上清液，各离心管加入 3mL 1.5mol/L 硫酸，混匀、倒入同一个大试管中，贴上标签，放在试管架上，备用。

⑧ 将 RNA 产物和 10％硫酸溶液在沸水浴中加热至少 10min，使 RNA 充分水解，冷却后过滤得水解液。

⑨ 取一支试管 A，加入 1mL 0.1mol/L 硝酸银溶液，再逐滴加入浓氨水至沉淀消失，然后加入 1mL 水解液放置片刻，观察有无白色嘌呤碱的银化合物沉淀。

第七章 核 酸

⑩ 另取一支试管 B，加入水解液 1mL，FeCl$_3$ 浓盐酸溶液 2mL 和苔黑酚-乙醇溶液 0.2mL（约 4 滴），混匀，用试管夹夹好后放到沸水浴中 3～5min，注意观察溶液是否变成绿色，变绿说明核糖的存在。

⑪ 再取一支试管 C，加入水解液 1mL 和定磷试剂 1mL，混匀，在沸水浴中加热，注意观察溶液颜色的变化，溶液变蓝，说明磷酸存在。

【注意事项】

① 用 AgNO$_3$ 鉴定 RNA 中的嘌呤碱时，除了产生嘌呤银化合物沉淀外，还会产生磷酸银沉淀，磷酸银沉淀可溶于氨水，而嘌呤银化合物沉淀在浓氨水中溶解度很低，加入浓氨水可消除 PO$_4^{3-}$ 的干扰。

② 苔黑酚（又名地衣酚、3,5-甲苯二酚、3,5-二羟基甲苯）鉴定戊糖时特异性较差，凡属戊糖均有此反应。微量 DNA 无影响，较多 DNA 存在时有干扰作用，在试剂中加入适量 CuCl$_2$·2H$_2$O 可减少 DNA 的干扰。

③ 定磷试剂鉴定时呈蓝色，称为钼蓝。在一定浓度范围内，蓝色的深浅和磷含量成正比，因此也可用分光光度法定量测定 RNA。

【思考题】

① 除了稀碱法，还有哪些提取 RNA 的方法？它们各有什么优缺点？

② 本实验为什么选择酵母作原料？在分离纯化的实验选材上应遵循哪些原则？

③ 加酸性乙醇后进行离心分离，上清液及沉淀物中各主要含什么物质？

实验 41
定磷法测定核酸含量

【实验目的】

掌握定磷法测定核酸含量的原理与方法。

【实验原理】

核酸分子中含有一定比例的磷，RNA 中含磷量为 9.0%，DNA 中含磷量为 9.2%，因此通过测得核酸中磷的量即可求得核酸的量。用强酸使核酸分子中的有机磷消化成为无机磷，使之与钼酸铵结合成磷钼酸铵（黄色沉淀）。

$$PO_4^{3-} + 3NH_4^+ + 12MoO_4^{2-} + 24H^+ \Longrightarrow (NH_4)_3PO_4 \cdot 12MoO_3 \cdot 6H_2O + 6H_2O$$

当有还原剂（如维生素 C）存在时，Mo^{6+} 被还原成 Mo^{4+}，再与试剂中的其他 MoO_4^{2-} 结合成 $Mo(MoO_4)_2$，呈蓝色，称钼蓝。在一定浓度范围内，蓝色的深浅和磷含量成正比，可用比色法测定。样品中如有无机磷，应将无机磷扣除，否则结果偏高。

【试剂与器材】

1. 试剂

① 标准磷溶液：将磷酸二氢钾（分析纯）于 100℃ 烘至恒重，准确称取 0.8775g 溶于少量蒸馏水中，转移至 500mL 容量瓶中，加入 5mL 5mol/L 硫酸溶液及氯仿数滴，用蒸馏水稀释至刻度，此溶液每毫升含磷 400μg。临用时准确稀释 20 倍（20μg/mL）。

② 定磷试剂

a. 17% 硫酸：17mL 浓硫酸（相对密度 1.84）缓缓加入 83mL 水中。

b. 2.5% 钼酸铵溶液：2.5g 钼酸铵溶于 100mL 水。

c. 10% 抗坏血酸溶液：10g 抗坏血酸溶于 100mL 水，存于棕色瓶中放于冰箱。溶液呈淡黄色尚可用，呈深黄甚至棕色即失效。

临用时将上述三种溶液与水按如下比例混合，V（17%硫酸）：V（2.5%钼酸铵溶液）：V（10%抗坏血酸溶液）：V（水）=1:1:1:2。

③ 5％氨水。

④ 30％过氧化氢。

⑤ 27％硫酸：27mL 硫酸（相对密度 1.84，分析纯）缓缓倒入 73mL 水中。

2. 器材

粗核酸（RNA）、克氏烧瓶、小漏斗 φ4cm、容量瓶、吸管、试管、分光光度计、电炉、水浴锅、电子天平。

【实验步骤】

1. 磷标准曲线的绘制

取干净试管 9 支，按表 7-1 编号及加入试剂。

表 7-1 添加试剂及用量

管号	0	1	2	3	4	5	6	7	8
标准磷溶液/mL	0	0.05	0.1	0.2	0.3	0.4	0.5	0.6	0.7
蒸馏水/mL	3	2.95	2.9	2.8	2.7	2.6	2.5	2.4	2.3
定磷试剂/mL	3	3	3	3	3	3	3	3	3
A_{660}									

加毕摇匀，45℃水浴中保温 10min，冷却，测定吸光度（660nm）。以磷含量为横坐标，吸光度为纵坐标作图。

2. 总磷的测定

称取样品（粗核酸）0.1g，用少量蒸馏水溶解（如不溶，可滴加 5％氨水至 pH 7.0），转移至 50mL 容量瓶中，加水至刻度。吸取上述样液 1.0mL，置于 50mL 克氏烧瓶中，加入少量催化剂，再加 4.0mL 浓硫酸及 3 粒玻璃珠，克氏烧瓶中插一小漏斗，放在通风橱内加热，消化至透明，表示消化完成。冷却，将消化液移入 100mL 容量瓶中，用少量水洗涤克氏烧瓶两次，洗涤液一并倒入容量瓶，再加水至刻度，混匀后吸取 3.0mL 置于试管中，加定磷试剂 3.0mL，45℃水浴中保温 10min，测 A_{660}。

3. 无机磷的测定

吸取样液（2mg/mL）1.0mL，置于 100mL 容量瓶中，加水至刻度，混匀后吸取 3.0mL 置试管中，加定磷试剂 3.0mL，45℃水浴中保温 10min，测 A_{660}。

4. 结果计算

$$总磷 A_{660} - 无机磷 A_{660} = 有机磷 A_{660}$$

由标准曲线查得有机磷的质量（μg），再根据测定时的取样体积（mL），求得有机磷的质量浓度（μg/mL）。按下式计算样品中核酸的质量分数：

$$W = \frac{cV}{m} \times 11 \times 100\%$$

式中，W 为核酸的质量分数，%；c 为有机磷的质量浓度，μg/mL；V 为样品总体积，mL；11 为系数，因核酸中含磷量为 9% 左右，1μg 磷相当于 11μg 核酸；m 为样品质量，μg。

【注意事项】

① 消化溶液定容后，必须上下颠倒，混匀后再取样。

② 试剂及所用器皿必须清洁、干净，不含磷，消除外源磷对实验结果的影响。

【思考题】

① 采用紫外光吸收法测定样品的核酸含量，有何优点及缺点？

② 若样品中含有核苷酸类杂质，应如何校正？

实验 42
植物基因组 DNA 提取（CTAB 法）

【实验目的】

掌握 CTAB 法提取植物基因组 DNA 的原理和操作步骤。

【实验原理】

十六烷基三甲基溴化铵（cetyl trimethyl ammonium bromide，CTAB）是一种阳离子去污剂，可溶解细胞膜，能与核酸形成复合物，复合物在不同浓度盐溶液中溶解度差异巨大。当降低溶液盐浓度到一定程度（0.3mol/L NaCl）时，CTAB-核酸的复合物从溶液中沉淀，通过离心就可将其与蛋白质、多糖等物质分开，再经过有机溶剂抽提，去除蛋白质、多糖、酚类等杂质，最后通过乙醇或异丙醇沉淀 DNA，而 CTAB 溶于乙醇或异丙醇而除去。在高离子强度的溶液中（>0.7mol/L NaCl），CTAB 与蛋白质和多聚糖形成复合物，不能沉淀核酸。CTAB 溶液在低于 15℃时会形成沉淀析出，因此，在将其加入冰冷的植物材料之前必须预热，且离心时温度不要低于 15℃。另外，它还能保护 DNA 不受内源核酸酶的降解。

【试剂与器材】

1. 试剂

① 1mol/L Tris-HCl（pH 8.0）：121.1g Tris 溶于 800mL 蒸馏水中，加浓盐酸调 pH 值至 8.0，容量瓶定容至 1L，121℃高压蒸汽灭菌。

② 0.5mol/L EDTA（pH 8.0）：186.1g EDTA-Na_2·H_2O 溶于 800mL 蒸馏水中，磁力搅拌器搅拌，用 NaOH 调 pH 值至 8.0（约 20g），定容至 1L，121℃高压蒸汽灭菌。

③ 3.5mol/L NaCl：204.75g NaCl 溶于 1L 蒸馏水中，121℃高压蒸汽灭菌。

④ 10% CTAB 溶液：10g CTAB 溶于 80mL 蒸馏水中，定容至 100mL，121℃高压蒸汽灭菌。

⑤ DNA 提取液（500mL）（见表 7-2）。

表 7-2 DNA 提取液

组分	体积/mL
3.5mol/L NaCl	200
1mol/L Tris-HCl	50
0.5mol/L EDTA	50
10% CTAB	100
H_2O	100

⑥ 1×TE 缓冲液：1mmol/L EDTA（分子量 292.25），称取 0.29225g EDTA 溶于蒸馏水中定容至 1L；10mmol/L Tris（分子量 121.14），称取 1.2114g Tris 溶于蒸馏水中定容至 1L；pH=8.0。

⑦ 醋酸钠溶液：3mol/L 醋酸钠（分子量 82.03），称取 246.09g 醋酸钠溶于蒸馏水中定容至 1L；pH 4.0。

⑧ 氯仿：异戊醇（体积比 24∶1）

⑨ 70%乙醇，无水乙醇。

⑩ 异丙醇。

⑪ Tris-苯酚。

⑫ RNaseA。

2. 器材

离心机、离心管、水浴锅、量筒、研钵、甘薯幼叶。

【实验步骤】

1. DNA 抽提

取 3g 新鲜甘薯幼叶，剪碎，液氮中研磨成粉，转入 1.5mL 离心管内。加入等体积 65℃预热的 DNA 提取液，置于 65℃恒温水浴摇床 1.5h。

2. 去除蛋白质

加入等体积的氯仿：异戊醇（24∶1）（在通风橱中操作），轻轻上下颠倒 5min，静置 5min，12000r/min 离心 10min。吸取上层水相，重复该步骤 2～3 次。

3. DNA 沉淀

吸取上层水相，加入预冷的 2/3 体积的异丙醇，轻缓颠倒 2min，并置−20℃冰箱内 10min，待 DNA 沉淀后于 12000r/min 离心 2min，收集的 DNA 沉淀中加入 70%乙醇，12000r/min 离心 2min，弃上清液，70%乙醇重复洗涤

2~3次，弃去乙醇，风干得DNA粗制品。

4. 除RNA

将上述DNA粗制品溶于少量无菌水中，加入1~2μL RNaseA（10mg/mL），37℃保温1h，除去DNA样品中的RNA。

5. 纯化DNA

在离心管中加入1mL Tris-苯酚、1mL氯仿：异戊醇（体积比24：1），轻轻上下颠倒10min，10000r/min离心10min，吸取上层水相并先后加入1/10体积的3mol/L醋酸钠及2.5倍总体积预冷的无水乙醇，置于－20℃冰箱10min，10000r/min离心10min，弃上清液，加入70%乙醇洗涤2~3次，风干即得DNA。

6. DNA检测

将DNA溶于适量（200~500μL）TE或无菌水中，用1%琼脂糖凝胶电泳，检查DNA质量，并预估其浓度，置于－20℃备用。

【注意事项】

① DNA在溶解前，应使酒精充分挥发，酒精残留会抑制后续酶解反应。

② 应尽量取新鲜材料，低温保存材料避免反复冻融，液氮研磨或匀浆组织后，应在解冻前加入裂解缓冲液。

③ 在提取内源核酸酶含量丰富的材料的DNA时，可增加裂解液中螯合剂的含量，防止DNA被降解。

④ 细胞裂解后，提取过程操作应尽量轻柔，避免DNA被机械打断。

⑤ 所有试剂应用无菌水配制并灭菌，所有耗材应经高温灭菌，避免外源核酸酶污染。

⑥ DNA应分装保存于缓冲液中，避免反复冻融。

【思考题】

比较各种DNA提取方法的优缺点。

实验 43
肝组织中核酸的提取和鉴定

【实验目的】

① 验证核酸的三大组成成分。
② 熟悉组织中核酸的提取与鉴定的基本操作方法。

【实验原理】

动物组织细胞中的核糖核酸（RNA）与脱氧核糖核酸（DNA）大部分与蛋白质结合而形成核蛋白。被三氯乙酸沉淀的核蛋白，先用 95% 的乙醇加热去除附着在沉淀上的脂类杂质，再用 1.7mol/L NaCl 溶液提取出核酸的钠盐，然后加入乙醇即可使核酸钠盐沉淀析出。

RNA 与 DNA 均可被硫酸水解产生磷酸、含氮碱基（嘌呤与嘧啶）及戊糖（RNA 为核糖，DNA 为脱氧核糖）。此三类物质分别可按照下述原理鉴定。

① 磷酸：磷酸与钼酸铵试剂作用生成黄色磷钼酸，磷钼酸中的钼在有还原剂（硫酸亚铁）存在时可被还原成蓝色的钼蓝。根据此呈色反应即可鉴定磷酸的存在。

② 嘌呤碱：根据嘌呤碱能与硝酸银产生灰褐色的絮状嘌呤银化合物而鉴定。

③ 戊糖：根据核糖经浓盐酸或浓硫酸作用生成糠醛，后者能与 3,5-二羟甲苯缩合而形成绿色化合物而鉴定。

核糖 →(浓酸, $-H_2O$) 糠醛 →(3,5-二羟甲苯) 绿色化合物脱氧核糖在浓酸中生成 ω-羟基-γ-酮基戊醛，它和二苯胺作用生成蓝色化合物。

$$\begin{array}{c} CHO \\ HC-H \\ HC-OH \\ HC-OH \\ CH_2OH \end{array} \xrightarrow[-H_2O]{浓酸} \begin{array}{c} CHO \\ HC-H \\ HC-H \\ C=O \\ CH_2OH \end{array} \xrightarrow{二苯胺} 蓝色化合物$$

　　　脱氧核糖　　　　　ω-羟基-γ-酮基戊醛

【试剂与器材】

1. 试剂

① 0.9% NaCl 溶液。

② 0.12mol/L 三氯乙酸溶液。

③ 95% 乙醇。

④ 10% NaCl 溶液：NaCl 10g 溶于蒸馏水中，加蒸馏水至 100mL。

⑤ 0.92mol/L H_2SO_4：取浓 H_2SO_4（相对密度 1.84，含量 98%）5mL 加入蒸馏水中，加水至 100mL。

⑥ 钼酸铵试剂：钼酸铵 3g，溶于 70mL 蒸馏水中，逐渐加入浓 H_2SO_4 14mL，冷却后再加蒸馏水至 100mL，混匀备用。

⑦ 硫酸亚铁试剂：硫酸亚铁 10.6g，硫脲 5g，加蒸馏水溶解并加水至 500mL，冰箱内保存备用。

⑧ 浓氨水。

⑨ 0.29mol/L $AgNO_3$：取 $AgNO_3$ 5g 加蒸馏水溶解并稀释至 100mL，于棕色瓶避光保存。

⑩ 3,5-二羟甲苯试剂：取浓盐酸 100mL，加入 $FeCl_3 \cdot 6H_2O$ 100mg 及二羟甲苯 100mg 混匀溶解后，置于棕色瓶中。临用前配制，冰箱保存。（市售 3,5-二羟甲苯不能直接使用，必须用苯重结晶 1~2 次，并用活性炭脱色后方可使用。）

⑪ 二苯胺试剂：取 1g 纯的二苯胺溶于 100mL 冰醋酸中，加入 2.75mL 浓硫酸，盛于棕色瓶中，临用前配制。

2. 器材

剪刀、镊子、玻璃棒、滤纸、试管、试管架、蒸发皿、匀浆器、离心机、离心管、水浴锅、新鲜猪肝。

【实验步骤】

1. 核酸的提取与分离

① 将新鲜猪肝剪碎置于匀浆器中,加入等量的生理盐水,制成匀浆(如无匀浆器,也可以在研钵中冰浴研磨至匀浆)。

② 将 5mL 肝匀浆置于离心管内,立即加入 0.12mol/L 三氯乙酸 5mL,用玻璃棒搅匀,静置 8min 后离心。

③ 倾去上清液,加 95% 乙醇 5mL,用玻璃棒搅匀,再用带有长玻璃管的木塞塞紧离心管口,在水浴锅中煮沸 2min,冷却后离心。

④ 将离心管倒置于滤纸上,使滤纸吸干乙醇。沉淀中再加入 10% NaCl 溶液 4mL,置于沸水浴中加热 8min,并用玻璃棒不断搅拌,取出冷却后再离心。

⑤ 将上清液倾入另一离心管内,再离心一次,去除可能存在的微量残渣。将上清液倒入烧杯内。

⑥ 取等量的在冰浴中冷却过的 95% 乙醇逐滴加入小烧杯内,即可见白色沉淀逐渐析出。静置 10min 后,将小烧杯中沉淀物移入离心管内离心,弃去上清液即得到核酸钠的白色沉淀。

2. 核酸的水解

在含有核酸钠的离心管内加入 0.92mol/L 的 H_2SO_4 4mL,用玻璃棒搅匀,再用带有长玻璃管的软木塞塞紧管口,在沸水浴中加热 15min。

3. 核酸组成成分的鉴定

① 磷酸的鉴定:按表 7-3 操作。

表 7-3 核酸中磷酸的鉴定

加入物	测定管/滴	对照管/滴
核酸水解液	5	—
0.92mol/L H_2SO_4 溶液	—	5
钼酸铵试剂	3	3
硫酸亚铁试剂	10	10

放置数分钟,观察两管内颜色有何不同。

② 嘌呤碱的鉴定:按表 7-4 操作。

表 7-4 嘌呤碱的鉴定

加入物	测定管/滴	对照管/滴
核酸水解液	10	—

续表

加入物	测定管/滴	对照管/滴
0.92mol/L H_2SO_4 溶液	—	10
浓氨水	数滴（使呈碱性）	数滴（使呈碱性）
0.29mol/L $AgNO_3$	5	5

观察加入 $AgNO_3$ 后有何变化。静置 15min 后，再比较两管的沉淀。

③ 核糖的鉴定：按表 7-5 操作。

表 7-5　核糖的鉴定

加入物	测定管/滴	对照管/滴
核酸水解液	4	—
0.92mol/L H_2SO_4 溶液	—	4
3,5-二羟甲苯试剂	6	6

混匀，放沸水浴中加热 10min，观察两管颜色有何不同。

④ 脱氧核糖的鉴定：按表 7-6 操作。

表 7-6　脱氧核糖的鉴定

加入物	测定管/滴	对照管/滴
核酸水解液	10	—
0.92mol/L H_2SO_4 溶液	—	10
二苯胺试剂	15	15

混匀，放沸水浴中加热 10min，观察两管有何不同。

【注意事项】

动物组织细胞中的核糖核酸（RNA）与脱氧核糖核酸（DNA）量少，操作要细心、规范。

【思考题】

① RNA 与 DNA 的组成成分有何异同？

② 观察各测定管颜色及沉淀的生成情况，比较与对照管有何不同，并解释其原因。

第八章 生物氧化

实验 44
肌糖原的酵解作用

【实验目的】

① 学习并掌握检测糖酵解作用的基本原理和方法。
② 了解糖酵解作用在糖代谢过程中的地位及生理意义。
③ 了解有关组织代谢实验操作中应注意的关键问题。

【实验原理】

在动物、植物、微生物等许多生物机体内，糖的无氧分解几乎都按完全相同的过程进行，本实验以动物肌肉组织中肌糖原的酵解过程为例，通过检测肌糖原的酵解作用，阐明糖酵解的生物学机制。肌糖原的酵解作用，即肌糖原在缺氧的条件下，经过一系列的酶促反应最后转变成乳酸的过程。肌肉组织中的肌糖原在磷酸化酶的作用下，释放出非还原端的一个葡萄糖单位并且磷酸化生成葡萄糖-1-磷酸，葡萄糖-1-磷酸在葡萄糖磷酸变位酶的作用下转变为葡萄糖-6-磷酸。由于肌肉中缺乏葡萄糖-6-磷酸磷酸酶，葡萄糖-6-磷酸不能脱磷酸生成游离葡萄糖，肌糖原不能直接分解成葡萄糖而提高血糖含量。葡萄糖-6-磷酸进入糖酵解过程，经过9步反应生成丙酮酸，因为组织无氧，丙酮酸不能进入三羧酸循环和呼吸链，彻底氧化成二氧化碳和水，只能在乳酸脱氢酶的作用下生成乳酸。该过程可归纳为下列反应总式：

$$1/n\ (C_6H_{10}O_5)_n + H_2O \longrightarrow 2CH_3CHOHCOOH$$
$$\text{糖原} \qquad\qquad\qquad\qquad \text{乳酸}$$

肌糖原的酵解作用是糖类供给生物体组织能量的一种方式。当机体剧烈运动需要大量的能量，或某些组织供氧不足时，糖原的酵解作用可暂时满足能量消耗的需要。在有氧条件下，组织内糖原的酵解作用受到抑制，而有氧氧化则为糖代谢的主要途径。

糖原酵解作用的实验，一般使用肌肉糜或肌肉提取液。在用肌肉糜时，必须在无氧的条件下进行；而肌肉提取液，则可在有氧条件下进行。因为催化酵解作用的酶系统全部存在于肌肉提取液中，而催化呼吸作用（即三羧酸循环）的酶系统，则集中在线粒体中。糖原可用淀粉代替，因二者均为葡萄糖的聚合物（α-1-4-糖苷键），只不过糖原的分支（α-1-6-糖苷键）程度更高而已。

糖原或淀粉的酵解作用，可由乳酸的生成来观察，在除去蛋白质与糖以后，乳酸可以与硫酸共热变成乙醛，后者再与对羟基联苯反应产生紫罗兰色物质，根据颜色的显现而加以鉴定。该法的特点是比较灵敏，易操作，每毫升溶液含 1～5μg 乳酸即产生明显的颜色反应，但若有大量糖类和蛋白质等杂质存在，则严重干扰测定结果，因此，实验中应尽量除净这些物质。另外，测定时所用的仪器应严格地洗涤干净。

【试剂和器材】

1. 试剂

① 0.5%糖原溶液（或 0.5%淀粉溶液）、液体石蜡、氢氧化钙（粉末）、浓硫酸、饱和硫酸铜溶液（硫酸铜 20℃时的溶解度为 20.7g）。

② 0.067mol/L 磷酸盐缓冲液（pH 7.4）。

A 液（0.067mol/L 磷酸二氢钾溶液）：称取 9.078g KH_2PO_4 溶于蒸馏水中，于 1000mL 容量瓶中定容至刻度。

B 液（0.067mol/L 磷酸氢二钠溶液）：称取 11.876g $Na_2HPO_4 \cdot 2H_2O$（或 23.849g $Na_2HPO_4 \cdot 12H_2O$）溶于蒸馏水中，于 1000mL 容量瓶中定容至刻度。

将上述 A 液与 B 液按 1:4 的体积比混合，即成 pH 7.4 的缓冲液。

③ 1.5%对羟基联苯试剂：称取对羟基联苯 1.5g，溶于 100mL 0.5%的氢氧化钠溶液中，配成 1.5%的溶液。若对羟基联苯颜色较深，应用丙酮或无水乙醇重结晶，使其呈白色。此试剂长久放置后会出现针状结晶，应摇匀后使用。

④ 20%三氯乙酸溶液。

2. 器材

试管及试管架、移液管或移液枪、滴管、量筒、玻璃棒、水浴锅、电磁炉、天平、剪刀及镊子、研钵、漏斗或离心机、家兔。

【实验步骤】

1. 制备肌肉糜

将家兔杀死后，立即剥皮，割取背部和腿部肌肉，在低温条件下用剪刀尽量把肌肉剪碎即成肌肉糜，低温保存备用。

2. 肌肉的糖酵解

取 4 支干净试管，编号后各加入新鲜肌肉糜 0.5g。1、2 号管为样品管，3、4 号管为空白对照管。向 3、4 号空白对照管内加入 20％三氯乙酸 3mL，用玻璃棒将肌肉糜充分打散，搅匀，以沉淀蛋白质和终止酶的反应。然后分别向 4 支试管内各加入 3mL 磷酸缓冲液和 1mL 0.5％糖原溶液（或 0.5％淀粉溶液）。用玻璃棒充分搅匀，加入少许液体石蜡隔绝空气，并将 4 支试管同时放入 37℃恒温水浴中保温。

1.5h 后，取出试管，立即向 1、2 号管内加入 20％三氯乙酸 3mL，混匀。将各试管内容物分别过滤或离心（3000r/min，15min），弃去沉淀。量取每个样品的滤液 5mL，分别加入已编号的试管中，然后向每管内加入饱和硫酸铜溶液 1mL，混匀，再加入 0.5g 氢氧化钙粉末，用玻璃棒充分搅匀后，放置 30min，并不时振荡，使糖沉淀完全。将每个样品分别过滤或离心（3000r/min，15min），弃去沉淀。

3. 乳酸的测定

取 4 支洁净、干燥的试管，编号，每个试管加入浓硫酸 2mL，将试管置于冷水浴中，分别用小滴管取每个样品的滤液 1 滴或 2 滴，逐滴加入已冷却的上述浓硫酸溶液中（注意滴管大小尽可能一致），边加边摇动试管，避免试管内的溶液局部过热。

将试管混合均匀后，放入沸水浴中煮 5min，取出后冷却，再加入对羟基联苯试剂 2 滴，勿将对羟基联苯试剂滴到试管壁上，混匀，比较和记录各试管溶液的颜色深浅，并加以解释。

【注意事项】

① 对羟基联苯试剂一定要经过纯化，使其呈白色。
② 在乳酸测定时，试管必须洁净、干燥，防止污染。

【思考题】

① 本实验在 37℃保温前是否可以不加液体石蜡？为什么？
② 本实验如何检验糖酵解作用的产物？
③ 人体和动植物糖的贮存形式是什么？实验时为什么可以用淀粉代替糖原？

实验 45
脂肪酸的 β-氧化作用——酮体的生成及测定

【实验目的】

① 了解脂肪酸的 β-氧化作用。
② 了解测定和计算反应液内丁酸氧化生成丙酮的量的原理与方法。
③ 掌握测定 β-氧化作用的方法及其原理。

【实验原理】

在肝脏内脂肪酸经 β-氧化作用生成乙酰辅酶 A，两分子的乙酰辅酶 A 可缩合生成乙酰乙酸。乙酰乙酸可脱羧生成丙酮，也可还原生成 β-羟丁酸。乙酰乙酸、β-羟丁酸和丙酮总称为酮体。肝脏不能利用酮体，必须经血液运至肝外组织特别是肌肉和肾脏，再转变为乙酰辅酶 A 而被氧化利用。酮体作为有机体代谢的中间产物，在正常的情况下，其产量甚微，患糖尿病或食用高脂肪膳食时，血中酮体含量增高，尿中也能出现酮体。其反应历程如下：

$$\underset{(\text{丁酸})}{\begin{array}{c}CH_3\\|\\CH_2\\|\\CH_2\\|\\COOH\end{array}} \xrightarrow{-2H} \underset{(\text{丁烯酸})}{\begin{array}{c}CH_3\\|\\CH\\\|\\CH\\|\\COOH\end{array}} \xrightarrow{+HOH} \underset{(\beta\text{-羟丁酸})}{\begin{array}{c}CH_3\\|\\CHOH\\|\\CH_2\\|\\COOH\end{array}} \underset{+2H}{\overset{-2H}{\rightleftharpoons}} \underset{(\text{乙酰乙酸})}{\begin{array}{c}CH_3\\|\\C=O\\|\\CH_2\\|\\COOH\end{array}} \rightleftharpoons 2\text{乙酰辅酶A}$$

$$\downarrow \text{脱羧}$$
$$CH_3COCH_3 \text{（丙酮）}$$

本实验用新鲜肝糜与丁酸保温，生成的丙酮可用碘仿反应滴定，在碱性条件下，丙酮与碘生成碘仿。反应式如下：

$$2NaOH + I_2 \Longrightarrow NaOI + NaI + H_2O$$
$$CH_3COCH_3 + 3NaOI \Longrightarrow CHI_3 + CH_3COONa + 2NaOH$$

剩余的碘可用标准 $Na_2S_2O_3$ 滴定：

$$NaOI + NaI + 2HCl \Longrightarrow I_2 + 2NaCl + H_2O$$

$$I_2 + 2Na_2S_2O_3 =\!\!=\!\!= Na_2S_4O_6 + 2NaI$$

根据滴定样品与滴定对照所消耗的硫代硫酸钠溶液体积之差，可以计算由丁酸氧化生成丙酮的量。

【试剂与器材】

1. 试剂

① 5g/L 淀粉溶液。

② 9g/L 氯化钠溶液。

③ 0.5mol/L 正丁酸溶液：取 5mL 正丁酸，用 1mol/L 氢氧化钠溶液中和至 pH=7.6，并稀释至 100mL。

④ 150g/L 三氯乙酸溶液。

⑤ 10% 氢氧化钠溶液。

⑥ 10% 盐酸。

⑦ 0.1mol/L 碘液：称取 12.7g 碘和约 25g 碘化钾溶于水中，稀释到 1000mL，混匀，用标准硫代硫酸钠溶液标定。

⑧ 0.1mol/L 碘酸钾溶液：准确称取碘酸钾 3.249g，溶于水后，倒入 1000mL 容量瓶内，加蒸馏水至刻度线。

⑨ 1/15mol/L 磷酸盐缓冲液（pH=7.6）：1/15mol/L 磷酸氢二钠 86.8mL 与 1/15mol/L 磷酸二氢钠 13.2mL 混合。

⑩ 标准 0.01mol/L 硫代硫酸钠溶液：称取无水硫代硫酸钠 25g，溶于刚煮沸而冷却的蒸馏水中，加入硼砂 3.8g，用煮沸而冷却的蒸馏水定容至 1000mL，配成 0.2mol/L 的溶液，用 0.1mol/L 碘酸钾标定。

硫代硫酸钠溶液的标定：吸取 0.1mol/L 碘酸钾 20mL 于锥形瓶中，加入碘化钾 1g 及 12mol/L 硫酸溶液 5mL，然后用上述 0.2mol/L 硫代硫酸钠溶液滴至浅黄色，再加入 0.1% 淀粉溶液 3 滴作指示剂，此时溶液呈蓝色，继续滴定至蓝色消失为止，计算硫代硫酸钠溶液的准确浓度。临用时将已标定的硫代硫酸钠溶液稀释成 0.01mol/L。

2. 器材

匀浆机、剪刀、镊子、漏斗、锥形瓶、碘量瓶、试管、试管架、微量滴定管（毫升）、玻璃皿、恒温水浴锅、电子天平、鸡（或家兔或大鼠）的新鲜肝脏。

【实验步骤】

1. 肝匀浆的制备

将鸡颈部放血处死，取出肝脏。先用 0.9% NaCl 溶液洗去表面的污血后，再用滤纸吸去表面溶液,称取肝组织 5g 置于玻璃皿上,倒入匀浆机中,搅碎成肝匀浆。再加入 0.9% NaCl 溶液,使肝匀浆总体积达 10mL。

2. 酮体的生成

取锥形瓶 2 个,按表 8-1 编号后,分别加入各试剂。

表 8-1 加入各试剂名称

试剂	锥形瓶编号	
	1	2(对照)
1/15mol/L 磷酸盐缓冲液(pH=7.6)/mL	3	3
0.5mol/L 正丁酸溶液/mL	2	—
肝组织糜/mL	2	2
混匀,置于 43℃ 恒温水浴内保温 1.5h		
150g/L 三氯乙酸溶液/mL	3	3
0.5mol/L 正丁酸溶液/mL	—	2
混匀,静置 15min,过滤,滤液分别收集于两支试管中		

3. 酮体的测定

取碘量瓶 2 个,按表 8-2 编号后加入有关试剂。

表 8-2 测定酮体加入试剂

试剂	锥形瓶编号	
	A 号(样品)	B 号(对照)
V(1 号瓶滤液)/mL	2	—
V(2 号瓶滤液)/mL	—	2
0.1mol/L 碘液/mL	3	3
10% 氢氧化钠溶液/mL	3	3
摇匀,静置 10min		
10% 盐酸/mL	3	3
0.5% 淀粉溶液/滴	5	5

立即用 0.01mol/L $Na_2S_2O_3$ 继续滴定至碘量瓶中溶液的蓝色恰好刚刚消退为止。记下滴定时所用去的 $Na_2S_2O_3$ 溶液的体积,按下式计算样品中丙酮的

生成量。

实验中所用肝匀浆中生成的丙酮量（mmol）＝ $(B-A) \times c \times 1/6$

式中，A 为滴 1 号样品所消耗的 $Na_2S_2O_3$ 溶液的体积，mL；B 为滴定 2 号样品所消耗 $Na_2S_2O_3$ 溶液的体积，mL；c 为 $Na_2S_2O_3$ 的浓度，mol/L。

【注意事项】

① 在低温下制备新鲜的肝糜，以保证酶的活性。

② 加 HCl 溶液后即有 I_2 析出，I_2 会升华，所以要尽快进行滴定，滴定的速度是前快后慢，当溶液变浅黄色后，加入指示剂就要慢慢一滴一滴地加。

③ 滴定时淀粉指示剂不能太早加入，只有当被滴定液变浅黄色时加入最好，否则将影响终点的观察和滴定结果。

【思考题】

① 为什么说做好本实验的关键是制备新鲜的肝糜？

② 什么叫酮体？为什么正常代谢时产生的酮体量很少？在什么情况下血中酮体含量增高，而尿中也能出现酮体？

③ 为什么测定碘仿反应中剩余的碘可以计算出样品中丙酮的含量？

④ 实验中三氯乙酸起什么作用？

第九章 综合性实验

实验 46
小麦萌发前后淀粉酶活性的比较

【实验目的】

① 学习用分光光度法测定酶活力的原理和方法。
② 了解小麦萌发前后淀粉酶酶活力的变化。

【实验原理】

淀粉酶是水解淀粉的糖苷键的一类酶的总称。按照其水解淀粉的作用方式,可以分成 α-淀粉酶、β-淀粉酶等。实验证明,在小麦、大麦、黑麦的休眠种子中只含有 β-淀粉酶,α-淀粉酶是在发芽过程中形成的,所以在禾谷类萌发的种子和幼苗中,这两类淀粉酶都存在,其活性随萌发时间的延长而增高。α-淀粉酶是工业上使用最广泛的酶之一,它在 pH 3.6 下短时间内即可钝化,β-淀粉酶不耐热,加热至 70℃ 以上即可钝化。利用此原理可以灭活其中一种酶,测定另一种酶的活性。

本实验以淀粉酶催化淀粉生成还原性糖的速度来测定酶的活力,淀粉水解成还原性糖,还原性糖能使 3,5-二硝基水杨酸还原成棕色的 3-氨基-5-硝基水杨酸,可用分光光度计法测定,淀粉水解成还原性糖的反应:

$$2(C_6H_{10}O_5)_n + nH_2O \longrightarrow nC_{12}H_{22}O_{11}。$$

【试剂与器材】

1. 试剂

① 0.1% 标准麦芽糖:精确称量 0.1g 麦芽糖,用少量水溶解后,移入 100mL 容量瓶中,加蒸馏水至刻度。

② pH 6.9，0.02mol/L 磷酸缓冲液：

0.2mol/L 磷酸二氢钠：称取磷酸二氢钠 $NaH_2PO_4 \cdot H_2O$ 2.76g 溶于水定容至 100mL；

0.2mol/L 磷酸氢二钠：称取磷酸氢二钠 $Na_2HPO_4 \cdot 2H_2O$ 3.56g 溶于水定容至 100mL；

取 0.2mol/L 磷酸二氢钠 45mL 与 0.2mol/L 磷酸氢二钠 55mL 混合，定容至 1000mL。

③ 0.5％淀粉溶液：0.5g 淀粉溶于 0.02mol/L 磷酸缓冲液中，加入 0.0389g NaCl，用缓冲液定容至 100mL。

④ 3,5-二硝基水杨酸溶液：1g 3,5-二硝基水杨酸溶于 2mol/L 的 NaOH 溶液 20mL 和 20mL 水中，溶解后移入 100mL 容量瓶中；30g 酒石酸钾钠溶于 30mL 水中，溶解后移入上述容量瓶中（此时溶液会变黏稠），继续搅拌至溶解，定容至 100mL，过滤备用。

⑤ 1％氯化钠溶液。

⑥ 石英砂。

2. 器材

研钵、恒温水浴锅、沸水浴锅、分光光度计、离心机、电子天平等，小麦种子。

【实验步骤】

1. 酶液的提取

（1）小麦种子萌发

小麦种子浸泡 24h 后，放入 25℃ 恒温箱内或在室温下发芽。

（2）酶液的提取

① 幼苗酶的提取：取发芽 4～5d 的幼苗 10 株，放入研钵内，加石英砂 0.2g，加 1％氯化钠 10mL，用力研磨成匀浆，在 0～4℃ 下放置 20min。将提取液移入离心管中，以 2000r/min 离心 10min。将上清液倒入量筒中，测定酶提取液的总体积。取 1mL 酶液用 pH 6.9 的磷酸缓冲液稀释 10 倍，进行酶活力测定。

② 种子酶的提取：取干燥种子 15 粒作对照，操作方法同上。

2. 酶活力测定

① 取 25mL 刻度试管 4 支，编号，按表 9-1 要求加入试剂（淀粉加入后预热 5min）。

表 9-1 酶活力测定所加试剂

试剂	1（种子酶稀释液）	2（幼苗酶稀释液）	3（标准管）	4（空白管）
0.2%淀粉溶液/mL	1	1	1	1
标准麦芽糖溶液/mL			0.5	
蒸馏水/mL				0.5
酶液/mL	0.5	0.5		

各管混匀后45℃水浴中水解3min，立即向各管中加入1% 3,5-二硝基水杨酸溶液2mL。

② 各管混匀后，放入沸水浴中准确加热5min，冷却至室温，加水稀释25mL。将各管充分混匀。

③ 用空白管作为对照：在500nm处测定各管的光吸收值（A值或OD值）填入表9-2。

表 9-2 光吸收值结果

试管号	1（种子酶管）	2（幼苗酶管）	3（标准管）	4（空白管）
光吸收值				

④ 计算酶活力单位：

根据溶液的浓度与光吸收值成正比的关系，$A_{标准}/A_{待测}=c_{标准}/c_{待测}$。式中，$A$为光吸收值，$c$为浓度。

则c（酶管中麦芽糖的浓度）$=A_{酶}\times c_{标准}/A_{标准}$

设在45℃时3min内水解淀粉释放1mg麦芽糖所需的酶量为1个活力单位。

则15粒种子或10株幼苗的总活力单位$=c_{酶}\times N_{酶}\times V_{酶}$。

式中，$c_{标准}$为标准麦芽糖的浓度；$c_{酶}$为种子酶或幼苗酶分解淀粉产生的麦芽糖的浓度；$N_{酶}$为酶液稀释的倍数；$V_{酶}$为提取酶液的总体积。

3. 计算小麦种子萌发前后的酶活力，并进行比较

【注意事项】

① 实验小麦种子萌发前需充分浸泡24h，然后均匀地放在铺有滤纸的培养皿或解剖盘中，开始两三天内需要保证水分供应充足，之后根系发达后浇水不可过多。

② 萌发情况不同，酶活力也不同。刚萌发出胚的小麦，酶活力增加迅速，

之后随发芽天数增加继续增加，但幅度减慢，当幼苗生长超过半个月后，酶活力不但不增长，反而下降。同一天发芽的幼苗高株比矮株的酶活力略高。

③ 酶的提取温度在0～4℃时比在25℃时酶活力略高，这是因为低温条件下提取易于保持酶的活力。

【思考题】

① 为什么提取酶的过程在0～4℃条件下进行，而测定酶活力时要在45℃条件下水解淀粉？

② 本实验比较淀粉酶活力时，采用的4支试管各说明什么问题？

③ 小麦萌发过程中淀粉酶活力升高的原因和意义是什么？

实验 47
脲酶的制备及其生物学性质的研究

【实验目的】

① 学习大豆脲酶的提取方法。
② 掌握脲酶米氏常数 K_m 的测定方法。
③ 测定脲酶的活力单位及比活力。
④ 测定温度对酶活性的影响。

【实验原理】

K_m 值一般可看作是酶促反应中间产物的解离常数。测定 K_m 在研究酶的作用机制、观察酶与底物间的亲和力大小、鉴定酶的种类及纯度、区分竞争性抑制与非竞争性抑制作用等研究中均具有重要的意义。

当环境温度、pH 值和酶的浓度等条件相对恒定时,酶促反应的初速度 v 随底物浓度 [S] 增大而增大,直至酶全部被底物所饱和达到最大速度 v_{max}。反应初速度与底物浓度之间的关系经推导可用下式来表示,即米氏方程:

$$v = \frac{V_m[S]}{K_m + [S]}$$

对于 K_m 值的测定,通常采用 Lineweaver-Burk 作图法,即双倒数作图法。具体做法为:取米氏方程式倒数形式,即

$$\frac{1}{v} = \frac{K_m}{v_{max}} \cdot \frac{1}{[S]} + \frac{1}{v_{max}}$$

若以 $1/v$ 对 $1/[S]$ 作图,即可得图 9-1 中的曲线,通过计算横轴截距的负倒数,就可以很方便地求得 K_m 值。

该实验从大豆中提取脲酶,脲酶催化尿素分解产生碳酸铵,碳酸铵在碱性溶液中与纳氏试剂作用,产生橙黄色的碘化双汞铵。在一定范围内,呈色深浅与碳酸铵的产量成正比。通过分光光度计所得到的光吸收值可代表酶促反应的

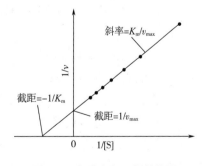

图 9-1 米氏方程双倒数作图

初速度（单位时间所产生的碳酸铵含量与光吸收值成正比）。具体反应如下：

(1) 酶促反应

$$\begin{matrix} NH_2 \\ | \\ C=O \\ | \\ NH_2 \end{matrix} + H_2O \longrightarrow \left[\begin{matrix} OH \\ | \\ C=O \\ | \\ NH_2 \end{matrix} + NH_3 \rightleftharpoons \begin{matrix} ONH_4 \\ | \\ C=O \\ | \\ NH_2 \end{matrix} \right] \xrightarrow{H_2O} 2NH_3 + H_2CO_3$$

(2) 呈色反应

$$NH_4OH + 2(HgI_2 \cdot 2KI) + 3NaOH \longrightarrow \underset{\text{（棕红色）}}{O{<}\begin{matrix}Hg\\Hg\end{matrix}{>}NH_2I} + 4KI + 3NaI + 3H_2O$$

用于蛋白质测定的 Folin-酚试剂法（Lowry 法）是双缩脲方法的发展，第一步涉及在碱性溶液中铜-蛋白质复合物的形成，然后这个复合物还原磷钼酸-磷钨酸试剂（Folin 试剂），产生深蓝色（钼蓝和钨蓝混合物）。此测定法比双缩脲法要灵敏得多。

进行测定时，加 Folin 试剂要特别小心，因为 Folin 试剂仅在酸性 pH 条件下稳定，但上述还原反应是在 pH 10 的情况下发生，故当 Folin 试剂加到碱性的铜-蛋白质溶液中时，必须立即混匀，以便在磷钼酸-磷钨酸试剂被破坏之前，还原反应即能发生。

【试剂与器材】

1. 试剂

① 0.05mol/L 尿素溶液。

② 0.1mol/L pH＝7.0 Tris-HCl 缓冲液。

③ 10% $ZnSO_4$ 溶液。

④ 0.5mol/L NaOH 溶液。

⑤ 10%酒石酸钾钠溶液。

⑥ 纳氏试剂：将碘化钾 75g、碘 55g、蒸馏水 50mL 以及汞 75g，置于 500mL 锥形瓶内，用力振荡约 15min，待碘色消失时，溶液即发生高热。将锥形瓶浸在冷水中继续摇荡，一直到溶液呈绿色时止。将上清液倾入 1000mL 量筒内，并用蒸馏水洗涤残渣，将洗涤液也倾入量筒中，最后加蒸馏水至

1000mL，此即为母液。使用时取母液 15mL 加 10% NaOH 溶液 70mL 及蒸馏水 15mL 混合即成。

2. 器材

离心机、分光光度计、大豆。

【实验步骤】

① 锥形瓶内加入大豆粉 2g 和 30% 的乙醇 20mL。
② 充分摇匀 30min，放置于冰箱中。
③ 次日离心 15min（3000r/min），取上清液即为脲酶提取液。
④ K_m 值的测定，按表 9-3 进行操作，加入试剂量单位为 mL。

表 9-3 K_m 值测定程序

管号	0	1	2	3	4
0.05mol/L 尿素	0.25	1.00	0.50	0.40	0.25
蒸馏水	0.75	—	0.50	0.60	0.75
pH＝7 Tris-HCl 缓冲液	3.00	3.00	3.00	3.00	3.00
25℃恒温水浴，预温 5min					
脲酶提取液	—	0.10	0.10	0.10	0.10
煮沸的脲酶	0.10	—	—	—	—
25℃恒温水浴，准确作用 10min					
10% $ZnSO_4$	1.00	1.00	1.00	1.00	1.00
0.5mol/L NaOH	0.20	0.20	0.20	0.20	0.20
充分混匀，过滤					
另取 5 支试管，与上述离心管对应编号，进行如下操作					
上清液	0.50	0.50	0.50	0.50	0.50
蒸馏水	4.00	4.00	4.00	4.00	4.00
10% 酒石酸钾钠	0.50	0.50	0.50	0.50	0.50
纳氏试剂	1.00	1.00	1.00	1.00	1.00
混合均匀，以对照管调零，在 480nm 处，读取各管的 A_{480} 值					
A_{480} 值					

续表

管号	0	1	2	3	4
以酶促反应初速度的倒数为纵坐标（以 $1/A_{480}$ 代替），以保温混合液中尿素的物质的量浓度的倒数为横坐标，按双倒数作图法，求得 K_m 值					
$1/A_{480}$					
$1/[S]$					
K_m					

⑤ 脲酶的活力测定。

a. 制作标准曲线：按表 9-4 进行操作，加入试剂量的单位为 mL。

表 9-4　标准曲线制作操作程序

管号	0	1	2	3	4	5
0.01mol/L $(NH_4)_2SO_4$	0	0.1	0.2	0.3	0.4	0.5
蒸馏水	0.5	0.4	0.3	0.2	0.1	—
pH=7 Tris-HCl 缓冲液	3.0	3.0	3.0	3.0	3.0	3.0
0.5mol/L NaOH	0.2	0.2	0.2	0.2	0.2	0.2
蒸馏水	7.0	7.0	7.0	7.0	7.0	7.0
10%酒石酸钾钠	0.5	0.5	0.5	0.5	0.5	0.5
纳氏试剂	1.0	1.0	1.0	1.0	1.0	1.0
混合均匀，以对照管调零，在 480nm 处，读取各管的 A_{480} 值						
A_{480} 值						
以光吸收值 A_{480} 为纵坐标，保温液中 $(NH_4)_2SO_4$ 物质的量（μmol）为横坐标，绘制标准曲线						

b. 测定脲酶活力。

(a) 0.05mol/L 尿素 0.4mL（底物过量），水 0.1mL，pH=7 Tris-HCl 缓冲液 3.0mL，充分混合。

(b) 25℃水浴 5min 预温。

(c) 加入稀释 3 倍的脲酶提取液 0.1mL。

(d) 充分混匀，25℃水浴，准确反应 10min。

(e) 其余步骤与上表相同。

(f) 结果计算：根据测得 A_{480}，对照标准曲线，得到单位时间内碳酸铵的生成量。

脲酶的一个活力单位（U）为：在25℃，pH=7的条件下，每1min释放1μmol碳酸铵所需的酶量。1个Sumner单位：20℃，5min内能产生1mg氨基氮所需的酶量。1 Sumner单位=14.3国际单位（U）。

请将实验结果填入表9-5。

表9-5 实验结果填写表

项目	数值
A_{480} 值	
单位时间内碳酸铵的生成量	
酶活力/U	

【注意事项】

① 米氏方程系线性方程。酶促反应初速度 v 与光吸收值 A 成正比，所以用 $1/A$ 代表 $1/v$ 作图求 K_m 值，方法简便，且结果不受影响。

② 本实验为酶的定量实验，因此，酶促反应所要求的底物及酶的浓度、酶作用的条件及时间要求严格把握，所加试剂量必须准确。

③ 试管应洁净干燥，否则不仅会影响酶促反应，而且会使纳氏试剂呈色浑浊。

④ 加纳氏试剂时应迅速准确，立即摇匀，马上比色，否则容易浑浊。实验中加入酒石酸钾钠，目的在于防止纳氏试剂混浊。

⑤ 加入 $ZnSO_4$ 可以吸附酶蛋白，起助滤作用。另外，$ZnSO_4$ 起终止反应的作用。

【思考题】

① 为什么酶液的提取要在冰浴中进行？

② 实验中，酒石酸钾钠防止纳氏试剂浑浊的原理是什么？

实验 48
用正交法测定几种因素对酶活力的影响

【实验目的】

① 初步掌握正交实验设计方法。

② 求出酶的最适温度和最适 pH 值。

【实验原理】

酶的催化作用是在一定条件下进行的,它受多种因素的影响,如底物浓度、酶浓度、溶液的 pH 值和离子浓度、温度、抑制剂和激活剂等都能影响催化反应的速度。通常是在其他因素恒定的条件下,通过对某因素在一系列变化条件下的酶活力测定,求得该因素对酶活力的影响,这是单因素的简单比较法。

本实验用正交法测定温度、pH 值、底物浓度和酶浓度四种因素对酶活力的影响,这是多因素（≥3）的实验方法。

正交法是通过正交表安排多因素实验,利用统计学原理进行数据分析的一种科学方法,它符合"以尽量少的试验,获得足够的、有效的信息"的实验设计原则。正交试验法的程序为下列八个步骤。

① 确定实验目的。实验目的是多种多样的,如找出产品质量指标的最佳组合、确定最佳工艺条件等。本实验的目的是提高酶的反应速度,提高酶的活力。

② 选择质量特性指标。应选择能提高或改进的质量特性及因素效应。对于本实验来说就是产物（葡萄糖）生成量的多少。

③ 选定相关因素。即选择和确定可能对实验结果或质量特性值有影响的那些因素,可人为控制与调节的因素,如温度、pH 等。这些因素之间有相互独立性。

④ 确定水平。水平,又称位级,是因素的一个给定值或一种特定的措施,或一种特定的状态。水平也就是因素变化的各种状态。在确定水平时,应考虑选择范围、水平数和水平位置。如本实验的温度水平可以选择 20℃、35℃、50℃三个水平。

⑤ 选用正交表。应从因素数、水平数以及有无重点因素需要强化考察等各方面综合考虑选用正交表。一般情况下，首先根据水平数选用 2 或 3 系列表，然后，以容纳试验因素数，选用实验次数最少的正交表。如有重点考察的因素，则根据其考察的水平数，选混合型正交表。

⑥ 配列因素水平，制定实验方案。按随机原则，把因素配列于选用的正交表中，制定实验的顺序、时间等，即制定实验具体方案。

⑦ 实施实验方案。按实验方案，认真、正确地试验，如实记录各种实验数据。

⑧ 实验结果分析。对实验中取得的各种数据进行分析。如从数据中直接选出符合或接近质量特性期望值的实验条件组。如不能采用直观分析方法，则应采用其他分析方法，确定各因素主次地位可用极差分析方法，定量分析各个因素对实验结果的影响程度，则用方差分析方法。

实验设计如下。

(1) 确定指标

即实验的结果，本实验的指标是酶活力，用 A_{595} 值表示。

(2) 制定因素水平表

考察四个因素（温度、pH 值、底物浓度和酶浓度），每个因素取三个水平（如温度选择 20℃、35℃ 和 50℃ 三个水平）。水平是因素变化的范围（通常是根据专业知识确定。如无资料可借鉴，应先加宽范围再逐步缩小）及要进行实验的具体条件，见表 9-6。

表 9-6 因素水平表

水平因素	底物浓度[S]/mL	酶浓度[E]/mL	温度/℃	pH 值
1	0.2	0.2	20	7
2	0.5	0.5	35	8
3	0.8	0.8	50	9

(3) 选择正交表

可容纳三因素三水平的正交表有 L_9 (3^4)、L_{27} (313)、L_{18} (36×6) 和 L_{27} (38×9)。本实验不考察各因素间的交互作用，也没设计混合水平，只有水平数均为 3 的四个因素，故选用 L_9 (3^4) 表，见表 9-7。

表 9-7 实验安排表 L_9 (3^4)

实验号	1	2	3	4
1	1	1	1	1

续表

实验号	1	2	3	4
2	1	2	2	2
3	1	3	3	3
4	2	1	2	3
5	2	2	3	1
6	2	3	1	2
7	3	1	3	2
8	3	2	1	3
9	3	3	2	1

分析：
① 判断各因素的水平范围是否选偏。
② 判断各因素显著性大小的顺序。
③ 判断实验结果的置信度。

【试剂与器材】

1. 试剂

① 2％血红蛋白液（Hb）。
② 15％三氯醋酸液（TCA）。
③ 0.3mg/L 牛胰蛋白酶液。
④ 0.04mol/L 巴比妥缓冲液（pH 7、8、9）（配制方法见附录）。
⑤ 考马斯亮蓝 G-250 染液（0.01％）。

2. 器材

试管、漏斗、温度计、吸管、恒温水浴锅、分光光度计。

【实验步骤】

按表 9-8 进行如下操作。

表 9-8 实验操作表

管号	1号	6号	8号	2号	4号	9号	3号	5号	7号
2％血红蛋白液/mL	0.2	0.5	0.8	0.2	0.5	0.8	0.2	0.5	0.8
缓冲溶液/mL	pH7 2.6	pH8 1.7	pH9 1.7	pH8 2.3	pH9 2.3	pH7 2.0	pH9 2.0	pH7 2.0	pH8 2.0

续表

管号	1号	6号	8号	2号	4号	9号	3号	5号	7号
处理	37℃预温 5min			50℃预温 5min			60℃预温 5min		
酶液/mL	0.2	0.8	0.5	0.5	0.2	0.8	0.8	0.5	0.2
处理	37℃反应 10min			50℃反应 10min			60℃反应 10min		

① 各试管编号，分别加入对应容量的底物（2% Hb）和相应 pH 值的缓冲液，混匀。

② 同温处理的 3 支试管同时预温 5min。

③ 各试管依序分别加入对应容量的牛胰蛋白酶液，混匀。

④ 同温处理的 3 支试管置对应恒温水浴中反应 10min。

⑤ 各试管依次加入 15％三氯醋酸液 2mL，混匀以终止反应。

⑥ 非酶促对照：另取一试管，先加入 2％血红蛋白液 0.5mL 及 pH8 缓冲液 2.0mL，再加 15％三氯醋酸液 2.0mL，混匀静置 10min 后再加入酶液 0.5mL。

⑦ 上述各管反应液室温静置 15min 后过滤，取滤液待测酶活力。

⑧ 酶活力测定取试管若干支编号，分别加入对应的样品滤液 1.0mL 及考马斯亮蓝染液 4.0mL，混匀，室温静置 3min，以非酶促对照管为空白，于波长 595nm 比色测定。

将各管测定所得光密度值对应填入表 9-9，分别算出各因素一、二及三水平的试验结果总和 Ⅰ、Ⅱ 和 Ⅲ，并分别取其平均值计算相应的极差（各列中最大与最小值之差）；比较各因素极差的大小以评估各因素对酶活力的影响，并对酶活力最高时的各因素水平做一直观分析。

表 9-9 正交实验结果表

实验号	1 [S]/mL		2 [E]/mL		3 温度/℃		4 pH 值		实验结果 A_{595}
1	1	0.2	1	0.2	1	20	1	7	
2	1	0.2	2	0.5	2	35	2	8	
3	1	0.2	3	0.8	3	50	3	9	
4	2	0.5	1	0.2	2	35	3	9	
5	2	0.5	2	0.5	3	50	1	7	
6	2	0.5	3	0.8	1	20	2	8	
7	3	0.8	1	0.2	3	50	2	8	

续表

实验号	1 [S]/mL	2 [E]/mL	3 温度/℃	4 pH值	实验结果 A_{595}
8	3 0.8	2 0.5	1 20	3 9	
9	3 0.8	3 0.8	2 35	1 7	
K_1（一水平实验结果总和）					
K_2（二水平实验结果总和）					
K_3（三水平实验结果总和）					
$K_1/3$					
$K_2/3$					
$K_3/3$					
极差 R					

本实验只使用极差分析：极差是指这一列中最好与最坏的之差，从极差的大小就可以看出哪个因素对酶活力影响最大，哪个影响最小。

① 计算出各水平实验结果总和，即第1、2、3、4列上的 K_1、K_2、K_3，并求出 K_1、K_2、K_3 和 K 的 R 值（极差）。

② 选出优水平组合：据 R 值的大小，排出因素显著性的顺序，并比较 K 值选出优水平组合（即好的实验条件）。

由上述数据分析及验证实验，讨论在本实验条件下，温度、pH 值、底物浓度和酶浓度对酶活力的影响；求出酶的最适温度和最适 pH 值。

最后做一直观分析的结论，以 A 值（Ⅰ/3，Ⅱ/3，Ⅲ/3）为纵坐标，因素的水平数为横坐标作图。

【注意事项】

① 各因素的试验水平次数一致。

② 试验排定后，必须严格按照排定的试验方案进行试验，不得变动。

③ 选择"正交试验表"时，表中列数应等于或大于所确定的因素数，正交表序号必须等于需试验的因素的水平数。

【思考题】

① 正交试验设计法与简单比较法及全面试验法相比较，有何优缺点？

② 设计试验方案时应遵循什么原则？

实验 49
激素对血糖浓度的影响

【实验目的】

① 掌握血糖的测定原理及方法。
② 掌握血糖的正常范围及意义。
③ 熟记胰岛素及肾上腺素对血糖浓度的影响并解释其作用机制。

【实验原理】

人和动物体内的血糖浓度均维持在一定范围内。这是由于体内存在多种激素及调节物质，在它们的共同作用下，糖酵解、糖氧化、糖原合成与分解、糖异生、脂肪合成与分解等代谢途径协同进行。胰岛素可通过以下几种途径降低血糖：①促进肌肉、脂肪细胞的载体转运葡萄糖；②抑制蛋白激酶 A，继而使糖原磷酸化酶活性降低，激活糖原合酶脱磷酸酶，从而使糖原合酶活性升高，加速肌肉、肝脏的糖原合成；③通过第二信使间接激活丙酮酸脱氢酶，加速丙酮酸氧化脱羧生成乙酰 CoA；④抑制磷酸烯醇式丙酮酸激酶活性，促进氨基酸进入肌肉合成蛋白质，从而降低糖异生作用；⑤抑制脂肪动员，促进糖有氧氧化。肾上腺素的作用与胰岛素相反，起升高血糖的作用。肾上腺素升高血糖的作用迅速而明显，它通过与肝和肌肉细胞膜受体结合而激活磷酸化酶，产生级联放大效应，从而加快糖原的分解、肝释放葡萄糖、肌肉输出乳糖供肝糖异生等，最终导致血糖升高。

本实验观察家兔在注射胰岛素和肾上腺素前后空腹血糖浓度的变化。血糖含量的测定采用葡萄糖氧化酶法。首先用钨酸钠及盐酸沉淀血清中的蛋白质，制备血滤液。在葡萄糖氧化酶的催化作用下，血滤液中的葡萄糖被氧化成葡萄糖酸，并产生 1 分子过氧化氢；过氧化氢被偶联的过氧化物酶催化放出氧，氧将试剂中的 4-氨基安替比林偶联酚（还原性氧受体）的酚氧化，生成红色的醌类化合物，其颜色深浅与葡萄糖的含量成正比，此溶液与经同样处理的标准葡萄糖溶液进行比色测定，即可求出血糖含量。

$$\text{葡萄糖} \xrightarrow{\text{葡萄糖氧化酶}} \text{葡萄糖酸} + H_2O_2$$

$$H_2O_2 \xrightarrow{\text{过氧化物酶}} H_2O + O_2$$

O_2 + 4-氨基安替比林偶联酚 ⟶ 醌类化合物（红色）

　　葡萄糖氧化酶法测定血糖的特异性较高，能干扰测定结果的物质较少，如溶血样本血红蛋白浓度达 10g/L、黄疸样本胆红素浓度达 $342\mu mol/L$ 以及样本中所含的少量尿素、肌酐、甘油三酯等均不影响测定结果。人空腹血糖正常范围约为 3.9～6.1mmol/L。糖尿病、颅内高压等可引起血糖升高，胰岛细胞增生或癌瘤可使胰岛素分泌过多，导致低血糖。

【试剂与器材】

1. 试剂

① 3.8% 柠檬酸钠（抗凝剂）：称取 3.8g 柠檬酸钠，加 H_2O 定容至 100mL。

② 肾上腺素（1mg/mL）。

③ 胰岛素（40U/mL）。

④ 蛋白质沉淀试剂：

无水磷酸氢二钠　　　10g（0.07mmol/L）；

钨酸钠　　　　　　　10g（32mmol/L）；

1mol/L 盐酸　　　　125mL（125mmol/L）；

加 H_2O　　　　　　定容至 1000mL。

⑤ 标准葡萄糖原液（1mg/mL）：准确称取葡萄糖 1g，用 0.2% 苯甲酸溶液定容至 1000mL；充分混匀，置于 4℃冰箱保存，此液甚稳定。

⑥ 标准葡萄糖应用液（0.05mg/mL）：取标准葡萄糖溶液 10mL，加 H_2O 定容至 2000mL 充分混匀。

置于 4℃冰箱保存，0.2% 苯甲酸稀释液可在室温下长期保存。

⑦ 酶酚混合试剂（亦称血糖单一试剂，公司购买）。

⑧ 75% 酒精。

⑨ 二甲苯。

2. 器材

电子天平、离心机、恒温水浴箱、分光光度计、吸量管、比色杯、大试管、可调式移液枪、一次性注射器及针头、一次性小试管、2mL EP 管、$200\mu L$ 吸头、家兔两只（体重 2～2.5kg）。

【实验步骤】

① 取正常家兔两只，实验前预先饥饿 16h，称重。

② 耳缘静脉取血：去毛，用 75% 酒精擦耳缘静脉，使血管充血（亦可用

二甲苯擦拭以达到扩张血管的目的）。分别用一次性注射器耳缘静脉取血2mL，分别置于含抗凝剂的一次性试管中（每1mL全血约加0.15mL 3.8%柠檬酸钠），边收集边混匀，以防凝固。用干棉球压迫血管止血。一次性试管标明胰前、肾前。

③ 注药：取血后，于家兔腹部皮下注射药物。其中一只注射胰岛素，剂量为每千克体重1.5U（1.5U/kg）；另一只注射肾上腺素，剂量为每千克体重0.4mg（0.4mg/kg），并记录注射时间，30min后再取血，置于标有胰后、肾后标记的一次性试管中，混匀备用。

④ 血滤液制备：取4支2.0mL EP管，分别标明胰前、肾前、胰后、肾后。每支离心管中加入蛋白沉淀剂1.9mL，分别加入全血0.1mL，充分混匀，室温静置5min，10000r/min，离心2min。将上清液（血滤液）分别转移至1.5mL EP管中备用，同样标明胰前、肾前、胰后、肾后。

⑤ 血糖测定

a. 取大试管6支，按下表操作（单位：mL）：

表 9-10 所加试剂用量

项目	空白	标准	胰前	胰后	肾前	肾后
血滤液	—	—	0.5	0.5	0.5	0.5
标准糖应用液	—	0.5	—	—	—	—
蒸馏水	0.5	—	—	—	—	—
酶酚混合试剂	3	3	3	3	3	3

b. 混匀，37℃水浴保温15min；冷却后，于505nm测定各管光密度值。

⑥ 结果与分析

计算血糖浓度：

$$血糖浓度 = \frac{测定管光密度}{标准管光密度} \times 100 \div 18.02$$

计算出注射胰岛素后血糖降低百分率和注射肾上腺素后血糖升高百分率。

【注意事项】

① 注意取血方向，因静脉血是回心血，取血时针头应向着耳尖方向，并从近心端开始。

② 注药时不要将针头扎入脏器、大血管或膀胱。

③ 测定血糖时，各管应同时加入酶酚混合试剂，避免因反应时间不同而

丧失可比性。

【思考题】

① 制备血滤液的目的是什么？

② 为何要使家兔预先饥饿？

③ 为何临床上可用血清作为测定血糖的样本？在检测时应注意什么？

④ 酶酚混合试剂中含有哪些酶？它们的作用各是什么？

附 录

Ⅰ 实验室常用缓冲溶液及配制方法

1. 甘氨酸-盐酸缓冲液（0.05mol/L）

X mL 0.2mol/L 甘氨酸＋Y mL 0.2mol/L HCl，再加水稀释至200mL。

pH	X/mL	Y/mL	pH	X/mL	Y/mL
2.0	50	44.0	3.0	50	11.4
2.4	50	32.4	3.2	50	8.2
2.6	50	24.2	3.4	50	6.4
2.8	50	16.8	3.6	50	5.0

甘氨酸分子量＝75.07，0.2mol/L 甘氨酸溶液为15.01g/L。

2. 邻苯二甲酸-盐酸缓冲液（0.05mol/L）

X mL 0.2mol/L 邻苯二甲酸氢钾 ＋Y mL 0.2mol/L HCl，再加水稀释到20mL。

pH（20℃）	X/mL	Y/mL	pH（20℃）	X/mL	Y/mL
2.2	5	4.070	3.2	5	1.470
2.4	5	3.960	3.4	5	0.990
2.6	5	3.295	3.6	5	0.597
2.8	5	2.642	3.8	5	0.263
3.0	5	2.022			

邻苯二甲酸氢钾分子量 ＝ 204.23，0.2mol/L 邻苯二甲酸氢钾溶液为40.85g/L。

3. 磷酸氢二钠-柠檬酸缓冲液

pH	0.2mol/L Na$_2$HPO$_4$ /mL	0.1mol/L 柠檬酸 /mL	pH	0.2mol/L Na$_2$HPO$_4$ /mL	0.1mol/L 柠檬酸 /mL
2.2	0.40	10.60	5.2	10.72	9.28
2.4	1.24	18.76	5.4	11.15	8.85
2.6	2.18	17.82	5.6	11.60	8.40
2.8	3.17	16.83	5.8	12.09	7.91
3.0	4.11	15.89	6.0	12.63	7.37
3.2	4.94	15.06	6.2	13.22	6.78
3.4	5.70	14.30	6.4	13.85	6.15
3.6	6.44	13.56	6.6	14.55	5.45
3.8	7.10	12.90	6.8	15.45	4.55
4.0	7.71	12.29	7.0	16.47	3.53
4.2	8.28	11.72	7.2	17.39	2.61
4.4	8.82	11.18	7.4	18.17	1.83
4.6	9.35	10.65	7.6	18.73	1.27
4.8	9.86	10.14	7.8	19.15	0.85
5.0	10.30	9.70	8.0	19.45	0.55

Na$_2$HPO$_4$ 分子量 = 141.96，0.2mol/L 溶液为 28.40g/L。
Na$_2$HPO$_4$·2H$_2$O 分子量 = 178.05，0.2mol/L 溶液为 35.01g/L。
C$_6$H$_8$O$_7$·H$_2$O 分子量 = 210.14，0.1mol/L 溶液为 21.01g/L。

4. 柠檬酸-柠檬酸钠缓冲液（0.1mol/L）

pH	0.1mol/L 柠檬酸 /mL	0.1mol/L 柠檬酸钠 /mL	pH	0.1mol/L 柠檬酸 /mL	0.1mol/L 柠檬酸钠 /mL
3.0	18.6	1.4	5.0	8.2	11.8
3.2	17.2	2.8	5.2	7.3	12.7
3.4	16.0	4.0	5.4	6.4	13.6
3.6	14.9	5.1	5.6	5.5	14.5
3.8	14.0	6.0	5.8	4.7	15.3
4.0	13.1	6.9	6.0	3.8	16.2
4.2	12.3	7.7	6.2	2.8	17.2
4.4	11.4	8.6	6.4	2.0	18.0
4.6	10.3	9.7	6.6	1.4	18.6
4.8	9.2	10.8			

柠檬酸（$C_6H_8O_7 \cdot H_2O$）分子量为210.14，0.1mol/L溶液为21.01g/L。

柠檬酸钠（$Na_3C_6H_5O_7 \cdot 2H_2O$）分子量为294.12，0.1mol/L溶液为29.41g/L。

5. 乙酸-乙酸钠缓冲液（0.2mol/L）

pH (18℃)	0.2mol/L CH_3COONa/mL	0.3mol/L CH_3COOH/mL	pH (18℃)	0.2mol/L CH_3COONa/mL	0.3mol/L CH_3COOH/mL
3.6	0.75	9.25	4.8	5.90	4.10
3.8	1.20	8.80	5.0	7.00	3.00
4.0	1.80	8.20	5.2	7.90	2.10
4.2	2.65	7.35	5.4	8.60	1.40
4.4	3.70	6.30	5.6	9.10	0.90
4.6	4.90	5.10	5.8	9.40	0.60

$CH_3COONa \cdot 3H_2O$ 分子量 = 136.09，0.2mol/L溶液为27.22g/L。

6. 磷酸盐缓冲液

（1）磷酸氢二钠-磷酸二氢钠缓冲液（0.2mol/L）

pH	0.2mol/L Na_2HPO_4/mL	0.2mol/L NaH_2PO_4/mL	pH	0.2mol/L Na_2HPO_4/mL	0.2mol/L NaH_2PO_4/mL
5.8	8.0	92.0	7.0	61.0	39.0
5.9	10.0	90.0	7.1	67.0	33.0
6.0	12.3	87.7	7.2	72.0	28.0
6.1	15.0	85.0	7.3	77.0	23.0
6.2	18.5	81.5	7.4	81.0	19.0
6.3	22.5	77.5	7.5	84.0	16.0
6.4	26.5	73.5	7.6	87.0	13.0
6.5	31.5	68.5	7.7	89.5	10.5
6.6	37.5	62.5	7.8	91.5	8.5
6.7	43.5	56.5	7.9	93.0	7.0
6.8	49.5	50.5	8.0	94.7	5.3
6.9	55.0	45.0			

$Na_2HPO_4 \cdot 2H_2O$ 分子量 = 178.05，0.2mol/L 溶液为 85.61g/L。
$Na_2HPO_4 \cdot 12H_2O$ 分子量 = 358.14，0.2mol/L 溶液为 71.628g/L。
$NaH_2PO_4 \cdot 2H_2O$ 分子量 = 156.01，0.2mol/L 溶液为 31.202g/L。

磷酸盐是生物化学研究中使用最广泛的一种缓冲剂，由于它们是二级解离，有两个 pK_a 值，所以用它们配制的缓冲液，pH 范围最宽。NaH_2PO_4：$pK_{a_1}=2.12$，$pK_{a_2}=7.21$；Na_2HPO_4：$pK_{a_1}=7.21$，$pK_{a_2}=12.32$。

配酸性缓冲液：用 NaH_2PO_4，pH=1~4；配中性缓冲液：用混合的两种磷酸盐，pH=6~8；配碱性缓冲液：用 Na_2HPO_4，pH=10~12。

用钾盐比钠盐好，因为低温时钠盐难溶，钾盐易溶，但若配制 SDS-聚丙烯酰胺凝胶电泳的缓冲液时，只能用磷酸钠而不能用磷酸钾，因为 SDS（十二烷基硫酸钠）会与钾盐生成难溶的十二烷基硫酸钾。

磷酸盐缓冲液的优点为：①容易配制成各种浓度的缓冲液；②适用的 pH 范围宽；③pH 受温度的影响小；④缓冲液稀释后 pH 变化小，如稀释 10 倍后 pH 的变化小于 0.1。

其缺点为：①易与常见的钙离子、镁离子以及重金属离子缔合生成沉淀；②会抑制某些生物化学过程，如对某些酶的催化作用会产生某种程度的抑制。

(2) 磷酸氢二钠-磷酸二氢钾缓冲液（1/15mol/L）

pH	1/15mol/L Na_2HPO_4 /mL	1/15mol/L KH_2PO_4 /mL	pH	1/15mol/L Na_2HPO_4 /mL	1/15mol/L KH_2PO_4 /mL
4.92	0.10	9.90	7.17	7.00	3.00
5.29	0.50	9.50	7.38	8.00	2.00
5.91	1.00	9.00	7.73	9.00	1.00
6.24	2.00	8.00	8.04	9.50	0.50
6.47	3.00	7.00	8.34	9.75	0.25
6.64	4.00	6.00	8.67	9.90	0.10
6.81	5.00	5.00	8.18	10.00	0
6.98	6.00	4.00			

$Na_2HPO_4 \cdot 2H_2O$ 分子量 = 178.05，1/15mol/L 溶液为 11.876g/L。
KH_2PO_4 分子量 = 136.09，1/15mol/L 溶液为 9.078g/L。

7. 磷酸二氢钾-氢氧化钠缓冲液（0.05mol/L）

X mL 0.2mol/L KH_2PO_4 ＋ Y mL 0.2mol/L NaOH 加水稀释至 20mL。

pH（20℃）	X/mL	Y/mL	pH（20℃）	X/mL	Y/mL
5.8	5	0.372	7.0	5	2.963
6.0	5	0.570	7.2	5	3.500
6.2	5	0.860	7.4	5	3.950
6.4	5	1.260	7.6	5	4.280
6.6	5	1.780	7.8	5	4.520
6.8	5	2.365	8.0	5	4.680

8. 巴比妥钠-盐酸缓冲液（18℃）

pH	0.04mol/L 巴比妥钠溶液/mL	0.2mol/L 盐酸/mL	pH	0.04mol/L 巴比妥钠溶液/mL	0.2mol/L 盐酸/mL
6.8	100	18.4	8.4	100	5.21
7.0	100	17.8	8.6	100	3.82
7.2	100	16.7	8.8	100	2.52
7.4	100	15.3	9.0	100	1.65
7.6	100	13.4	9.2	100	1.13
7.8	100	11.47	9.4	100	0.70
8.0	100	9.39	9.6	100	0.35
8.2	100	7.21			

巴比妥钠盐分子量＝206.18；0.04mol/L 溶液为 8.25g/L。

9. Tris-盐酸缓冲液（0.05mol/L，25℃）

50mL 0.1mol/L 三羟甲基氨基甲烷（Tris）溶液与 X mL 0.1mol/L 盐酸混匀后，加水稀释至 100mL。

pH	X/mL	pH	X/mL
7.10	45.7	8.10	26.2
7.20	44.7	8.20	22.9
7.30	43.4	8.30	19.9
7.40	42.0	8.40	17.2
7.50	40.3	8.50	14.7
7.60	38.5	8.60	12.4
7.70	36.6	8.70	10.3
7.80	34.5	8.80	8.5
7.90	32.0	8.90	7.0
8.00	29.2		

三羟甲基氨基甲烷（Tris）分子量＝121.14；0.1mol/L 溶液为 12.114g/L。Tris 溶液可从空气中吸收二氧化碳，使用后应将瓶盖拧紧盖严。

10. 硼酸-硼砂缓冲液（0.2mol/L 硼酸根）

pH	0.05mol/L 硼砂/mL	0.2mol/L 硼酸/mL	pH	0.05mol/L 硼砂/mL	0.2mol/L 硼酸/mL
7.4	1.0	9.0	8.2	3.5	6.5
7.6	1.5	8.5	8.4	4.5	5.5
7.8	2.0	8.0	8.7	6.0	4.0
8.0	3.0	7.0	9.0	8.0	2.0

硼砂（$Na_2B_4O_7 \cdot 10H_2O$）分子量＝381.37；0.05mol/L 溶液（＝0.2mol/L 硼酸根）为 19.07g/L。

硼酸（H_3BO_3），分子量＝61.83；0.2mol/L 溶液为 12.37g/L。硼砂易失去结晶水，必须在带塞的瓶中保存。

11. 甘氨酸-氢氧化钠缓冲液（0.05mol/L 甘氨酸）

X mL 0.2mol/L 甘氨酸＋Y mL 0.2mol/L NaOH 加水稀释至 200mL。

pH	X/mL	Y/mL	pH	X/mL	Y/mL
8.6	50	4.0	9.6	50	22.4
8.8	50	6.0	9.8	50	27.2
9.0	50	8.8	10.0	50	32.0
9.2	50	12.0	10.4	50	38.6
9.4	50	16.8	10.6	50	45.5

甘氨酸分子量＝75.07；0.2mol/L 溶液为 15.01g/L。

12. 硼砂-氢氧化钠缓冲液（0.05mol/L 硼酸根）

X mL 0.05mol/L 硼砂＋Y mL 0.2mol/L NaOH 加水稀释至 200mL。

pH	X/mL	Y/mL	pH	X/mL	Y/mL
9.3	50	6.0	9.8	50	34.0
9.4	50	11.0	10.0	50	43.0
9.6	50	23.0	10.1	50	46.0

硼砂（$Na_2B_4O_7 \cdot 10H_2O$）分子量＝381.37；0.05mol/L 溶液为 19.07g/L。

13. 碳酸钠-碳酸氢钠缓冲液（0.1mol/L）

Ca^{2+}、Mg^{2+} 存在时不得使用。

20℃ pH	37℃ pH	0.1mol/L Na_2CO_3/mL	0.1mol/L $NaHCO_3$/mL
9.16	8.77	1	9
9.40	9.12	2	8
9.51	9.40	3	7
9.78	9.50	4	6
9.90	9.72	5	5
10.14	9.90	6	4
10.28	10.08	7	3
10.53	10.28	8	2
10.83	10.57	9	1

$Na_2CO_3 \cdot 10H_2O$ 分子量＝286.2；0.1mol/L 溶液为 28.62g/L。
$NaHCO_3$ 分子量＝84.0；0.1mol/L 溶液为 8.40g/L。

14. pH标准缓冲溶液

缓冲液名称	配制方法	不同温度的pH值									
草酸盐标准缓冲溶液	$c[KH_3(C_2O_4)_2 \cdot 2H_2O]$为0.05mol/L。称取12.71g四草酸钾$[KH_3(C_2O_4)_2 \cdot 2H_2O]$溶于无二氧化碳的水中，稀释至1000mL	0℃	5℃	10℃	15℃	20℃	25℃	30℃	35℃	40℃	
		1.67	1.67	1.67	1.67	1.68	1.68	1.69	1.69	1.69	
		45℃	50℃	55℃	60℃	70℃	80℃	90℃	95℃		
		1.70	1.71	1.72	1.72	1.74	1.77	1.79	1.81		
酒石酸盐标准缓冲溶液	在25℃时，用无二氧化碳的水溶解外消旋的酒石酸氢钾（$KHC_4H_4O_6$），并剧烈振摇至饱和溶液	0℃	5℃	10℃	15℃	20℃	25℃	30℃	35℃	40℃	
		—	—	—	—	—	3.56	3.55	3.55	3.55	
		45℃	50℃	55℃	60℃	70℃	80℃	90℃	95℃		
		—	3.55	3.55	3.56	3.58	3.61	3.65	3.67		
邻苯二甲酸氢盐标准缓冲溶液	$c(KHC_8H_4O_4)$为0.05mol/L。称取于(115.0±5.0)℃干燥2～3h的邻苯二甲酸氢钾（$KHC_8H_4O_4$）10.21g，溶于无CO_2的蒸馏水，并稀释至1000mL。（注：可用于酸度计校准）	0℃	5℃	10℃	15℃	20℃	25℃	30℃	35℃	40℃	
		4.00	4.00	4.00	4.00	4.00	4.01	4.01	4.02	4.04	
		45℃	50℃	55℃	60℃	70℃	80℃	90℃	95℃		
		4.05	4.06	4.08	4.09	4.13	4.16	4.21	4.23		
磷酸盐标准缓冲溶液	分别称取在(115.0±5.0)℃干燥2～3h的磷酸氢二钠（Na_2HPO_4）(3.53±0.01)g和磷酸二氢钾（KH_2PO_4）(3.39±0.01)g，溶于预先煮沸过15～30min并迅速冷却的蒸馏水中，并稀释至1000mL。（注：可用于酸度计校准）	0℃	5℃	10℃	15℃	20℃	25℃	30℃	35℃	40℃	
		6.98	6.95	6.92	6.90	6.88	6.86	6.85	6.84	6.84	
		45℃	50℃	55℃	60℃	70℃	80℃	90℃	95℃		
		6.83	6.83	6.83	6.84	6.85	6.86	6.88	6.89		

续表

缓冲液名称	配制方法	不同温度的 pH 值									
硼酸盐标准缓冲溶液	$c(Na_2B_4O_7 \cdot 10H_2O)$ 称取硼砂($Na_2B_4O_7 \cdot 10H_2O$)(3.80±0.01)g(注意:不能烘!),溶于预先煮沸过 15~30min 并迅速冷却的蒸馏水中,并稀释至 1000mL,置聚乙烯塑料瓶中密闭保存。存放时要防止空气中的 CO_2 的进入(注:可用于酸度计校准)	0℃	5℃	10℃	15℃	20℃	25℃	30℃	35℃	40℃
		9.46	9.40	9.33	9.27	9.22	9.18	9.14	9.10	9.06
		45℃	50℃	55℃	60℃	70℃	80℃	90℃	95℃	—
		9.04	9.01	8.99	8.96	8.92	8.89	8.85	8.83	—
氢氧化钙标准缓冲溶液	在 25℃,用无二氧化碳的蒸馏水制备备氢氧化钙的饱和溶液。氢氧化钙溶液的浓度 $c[1/2Ca(OH)_2]$ 应在(0.0400~0.0412)mol/L。氢氧化钙溶液浓度可以酚红为指示剂,用盐酸标准溶液[$c(HCl)=0.1mol/L$]滴定测出。存放时要防止空气中的二氧化碳进入。出现浑浊时应弃去重新配制	0℃	5℃	10℃	15℃	20℃	25℃	30℃	35℃	40℃
		13.42	13.21	13.00	12.81	12.63	12.45	12.30	12.14	11.98
		45℃	50℃	55℃	60℃	70℃	80℃	90℃	95℃	—
		11.84	11.71	11.57	11.45	—	—	—	—	—

注:为保证 pH 值的准确度,上述标准缓冲溶液必须使用 pH 基准试剂配制。

15. 常用 pH 缓冲溶液的配制和 pH 值

序号	溶液名称	配制方法	pH 值
1	氯化钾-盐酸	13.0mL 0.2mol/L HCl 与 25.0mL 0.2mol/L KCl 混合均匀后,加水稀释至 100mL	1.7
2	氨基乙酸-盐酸	在 500mL 水中溶解氨基乙酸 150g,加 480mL 浓盐酸,再加水稀释至 1L	2.3
3	一氯乙酸-氢氧化钠	在 200mL 水中溶解 2g 一氯乙酸后,加 40g NaOH,溶解完全后再加水稀释至 1L	2.8
4	邻苯二甲酸氢钾-盐酸	把 25.0mL 0.2mol/L 的邻苯二甲酸氢钾溶液与 6.0mL 0.1mol/L HCl 混合均匀,加水稀释至 100mL	3.6
5	邻苯二甲酸氢钾-氢氧化钠	把 25.0mL 0.2mol/L 的邻苯二甲酸氢钾溶液与 17.5mL 0.1mol/L NaOH 混合均匀,加水稀释至 100mL	4.8
6	六亚甲基四胺-盐酸	在 200mL 水中溶解六亚甲基四胺 40g,加浓盐酸 10mL,再加水稀释至 1L	5.4
7	磷酸二氢钾-氢氧化钠	把 25.0mL 0.2mol/L 的磷酸二氢钾与 23.6mL 0.1mol/L NaOH 混合均匀,加水稀释至 100mL	6.8
8	硼酸-氯化钾-氢氧化钠	把 25.0mL 0.2mol/L 的硼酸-氯化钾与 4.0mL 0.1mol/L NaOH 混合均匀,加水稀释至 100mL	8.0
9	氯化铵-氨水	把 0.1mol/L 氯化铵与 0.1mol/L 氨水以 2:1 比例混合均匀	9.1
10	硼酸-氯化钾-氢氧化钠	把 25.0mL 0.2mol/L 的硼酸-氯化钾与 43.9mL 0.1mol/L NaOH 混合均匀,加水稀释至 100mL	10.0
11	氨基乙酸-氯化钠-氢氧化钠	把 49.0mL 0.1mol/L 氨基乙酸-氯化钠与 51.0mL 0.1mol/L NaOH 混合均匀	11.6
12	磷酸氢二钠-氢氧化钠	把 50.0mL 0.05mol/L Na_2HPO_4 与 26.9mL 0.1mol/L NaOH 混合均匀,加水稀释至 100mL	12.0
13	氯化钾-氢氧化钠	把 25.0mL 0.2mol/L KCl 与 66.0mL 0.2mol/L NaOH 混合均匀,加水稀释至 100mL	13.0

16. 调整硫酸铵溶液饱和度计算表

（1）调整硫酸铵溶液饱和度计算表（0℃）

		在 0℃硫酸铵终浓度,% 饱和度															
		20	25	30	35	40	45	50	55	60	65	70	75	80	85	90	95	100
		每 100mL 溶液加固体硫酸铵的质量/g																
硫酸铵初浓度,%饱和度	0	10.6	13.4	16.4	19.4	22.6	25.8	29.1	32.6	36.1	39.8	43.6	47.6	51.6	55.9	60.3	65.0	69.7
	5	7.9	10.8	13.7	16.6	19.7	22.9	26.2	29.6	33.1	36.8	40.5	44.4	48.4	52.6	57.0	61.5	66.2
	10	5.3	8.1	10.9	13.9	16.9	20.0	23.3	26.6	30.1	33.7	37.4	41.2	45.2	49.3	53.6	58.1	62.7
	15	2.6	5.4	8.2	11.1	14.1	17.2	20.4	23.7	27.1	30.6	34.3	38.1	42.0	46.0	50.3	54.7	59.1
	20	0	2.7	5.5	8.3	11.3	14.3	17.5	20.7	24.1	27.6	31.2	34.9	38.7	42.7	46.9	51.2	55.7
	25		0	2.7	5.6	8.4	11.5	14.6	17.9	21.1	24.5	28.0	31.7	35.5	39.5	43.6	47.8	52.2
	30			0	2.8	5.6	8.6	11.7	14.8	18.1	21.4	24.9	28.5	32.3	36.2	40.2	44.5	48.8
	35				0	2.8	5.7	8.7	11.8	15.1	18.4	21.8	25.4	29.1	32.9	36.9	41.0	45.3
	40					0	2.9	5.8	8.9	12.0	15.3	18.7	22.2	25.8	29.6	33.5	37.6	41.8
	45						0	2.9	5.9	9.0	12.3	15.6	19.0	22.6	26.3	30.2	34.2	38.3
	50							0	3.0	6.0	9.2	12.5	15.9	19.4	23.0	26.8	30.8	34.8
	55								0	3.0	6.1	9.3	12.7	16.1	19.7	23.5	27.3	31.3
	60									0	3.1	6.2	9.5	12.9	16.4	20.1	23.1	27.9
	65										0	3.1	6.3	9.7	13.2	16.8	20.5	24.4
	70											0	3.2	6.5	9.9	13.4	17.1	20.9
	75												0	3/2	6.6	10.1	13.7	17.4
	80													0	3.3	6.7	10.3	13.9
	85														0	3.4	6.8	10.5
	90															0	3.4	7.0
	95																0	3.5
	100																	0

(2) 调整硫酸铵溶液饱和度计算表（25℃）

		在 25℃硫酸铵终浓度，%饱和度														
		10	20	25	30	33	35	40	45	50	55	60	65	70	75	80	90	100
		每1000mL溶液加固体硫酸铵的质量/g														
硫酸铵初浓度，%饱和度	0	56	114	144	176	196	209	243	277	313	351	390	430	472	516	561	662	767
	10		57	86	118	137	150	183	216	251	288	326	365	406	449	494	592	694
	20			29	59	78	91	123	155	189	225	262	300	340	382	424	520	619
	25				30	49	61	93	125	158	193	230	267	307	348	390	485	583
	30					19	30	62	94	127	162	198	235	273	314	356	449	546
	33						12	43	74	107	142	177	214	252	292	333	426	522
	35							31	63	94	129	164	200	238	278	319	411	506
	40								31	63	97	132	168	205	245	285	375	469
	45									32	65	99	134	171	210	250	339	431
	50										33	66	101	137	176	214	302	392
	55											33	67	103	141	179	264	353
	60												34	69	105	143	227	314
	65													34	70	107	190	275
	70														35	72	153	237
	75															36	115	198
	80																77	157
	90																	79

II 实验报告模板

××大学
生物化学实验报告

姓　　名：

学　　号：

专业年级：

组　　别：

生物化学实验教学中心

实验名称	考马斯亮蓝染色法定量测定蛋白质			
实验日期		实验地点		
合作者		指导老师		
总分		教师签名		批改日期

【实验报告第一部分（预习报告内容）：①实验原理；②实验材料（包括实验样品、主要试剂、主要器材）；③实验步骤（包括实验流程、操作步骤和注意事项）。评分（满分30分）：××】

实验目的：

1. 掌握考马斯亮蓝染色法定量测定蛋白质的原理与方法。
2. 熟练掌握分光光度计的使用和操作方法。

实验原理：

考马斯亮蓝（comassie brilliant blue）测定蛋白质浓度，是利用蛋白质-染料结合的原理。考马斯亮蓝 G-250 存在着两种不同的颜色形式，红色和蓝色。此染料与蛋白质结合后颜色由红色形式转变成蓝色形式，最大光吸收波长由 465nm 变成 595nm。在一定蛋白质浓度范围内，蛋白质-考马斯亮蓝复合物在 595nm 处的光吸收与蛋白质含量成正比，符合朗伯-比尔定律，故可用于蛋白质的定量测定。该法简单、迅速、干扰物质少、灵敏度高，现已广泛应用于蛋白质含量测定。

实验试剂及器材：

1. 试剂

（1） 0.9% 生理盐水。

（2） 考马斯亮蓝试剂。

（3） 100μg/mL 蛋白质标准液。

（4） 两种未知浓度的蛋白质溶液。

2. 器材

可见光分光光度计、刻度移液管、移液枪。

实验步骤：

1. 标准曲线的制作

（1） 取试管 6 支，按下表进行编号并加入试剂。

管号	1	2	3	4	5	6
100μg/mL 标准蛋白溶液/mL	0	0.2	0.4	0.6	0.8	1
0.9%生理盐水/mL	1	0.8	0.6	0.4	0.2	0
考马斯亮蓝试剂/mL	3	3	3	3	3	3

（2）加入 3.0mL 考马斯亮蓝 G-250 试剂，充分振荡混合，放置 5min 后，测定 A_{595} 值。

管号	1	2	3	4	5	6
标准蛋白含量（μg）	0	20	40	60	80	100
A_{595}						

（3）以 A_{595} 为纵坐标，标准蛋白含量为横坐标，绘制标准曲线。

2. 样品吸光度测定

取实验室预备的未知蛋白质溶液，各吸取样品提取液 1mL，加入考马斯亮蓝 G-250 试剂 3.0mL，充分振荡混合，放置 5min 后，测 A_{595} 值。

注意事项：

1. 如果测定要求很严格，可以在试剂加入后的 5～20min 内测定光吸收，因为在这段时间内颜色最稳定。

2. 测定中，蛋白质-染料复合物会有少部分吸附于比色杯壁上，但此复合物的吸附量可以忽略。测定完后可用乙醇将蓝色的比色杯洗干净。

【实验报告第二部分（实验记录）：①主要实验条件（如材料的来源、质量；试剂的规格、用量、浓度；实验时间、操作要点中的技巧、失误等，以便总结实验时进行核对和作为查找成败原因的参考依据）；②实验中观察到的现象（如加入试剂后溶液颜色的变化）；③原始实验数据。评分（满分 20 分）：××】

主要实验条件：

1. 考马斯亮蓝试剂

考马斯亮蓝 G-250 100mg 溶于 50mL 95％乙醇中，加入 100mL 85％的 H_3PO_4，用蒸馏水稀释至 1000mL。最终试剂中含有 0.01％考马斯亮蓝 G-250，4.7％乙醇，8.5％磷酸。

2. 100μg/mL 蛋白质标准液

结晶牛血清蛋白，预先经凯氏定氮法测定蛋白氮含量，根据其纯度用

0.15mol/L 生理盐水配制成 100μg/mL 蛋白质溶液。

实验现象：

考马斯亮蓝溶液与蛋白质标准液和待测液混合后，颜色由红色变成蓝色。

原始实验数据：

项目	1	2	3	4	5	6	待测1	待测2
标准蛋白含量/μg	0	20	40	60	80	100	—	—
A_{595}	0	0.167	0.371	0.601	0.773	0.981	0.265	0.386

【实验报告第三部分（结果与讨论）：①结果（定量实验包括计算）应把所得的实验结果（如观察现象）和数据进行整理、归纳、分析、对比，尽量用图表的形式概括实验的结果；②讨论不应是实验结果的重述，而是以结果为基础的逻辑推论；③结论应简单扼要，说明本次实验所获得的结果。评分（满分45分）：××】

结果：

1. 绘制蛋白质标准曲线

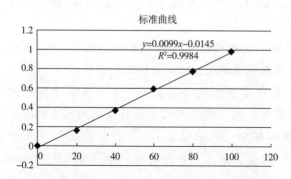

2. 根据 A_{595} 值，在标准曲线上求出样品中蛋白质含量

测得两种未知蛋白质溶液样品浓度为：26.78μg/mL，37.19μg/mL。

讨论：

1. 蛋白质和染料结合是一个很快的过程，约 2min 即可反应完全，呈现最大光吸收，并可稳定 1h 左右，但最好在试剂加入后的 5～20min 内测定光吸收，因为在这段时间内颜色最稳定。

2. 由于染料本身的两种颜色形式光谱有重叠，试剂背景值随更多染料与蛋白质结合而不断降低，标准曲线在蛋白质浓度较大时稍有弯曲，如待测蛋白质浓度过大时，需稀释后再重新测定。

3. 强碱性缓冲液在测定中有一些颜色干扰，可以通过适当的缓冲液对照扣除其影响。

结论：在一定范围内，蛋白质浓度与 A_{595} 值成正比，可通过该方法测蛋白质浓度。

【卷面 5 分，书写认真、工整、规范】

思考题：

1. 考马斯亮蓝法测定蛋白质含量的原理是什么？应如何克服不利因素对测定的影响？

答：略

2. 为什么标准蛋白质必须用凯氏定氮法测定纯度？

答：略

3. 根据蛋白质的呈色反应，测定蛋白质的方法还有哪些？根据所学知识推断各种测定方法有何优点、缺点？应用醋酸纤维素薄膜电泳鉴定分离纯化后的血清白蛋白和 γ 球蛋白的纯度，根据什么来确定它是白蛋白还是 γ 球蛋白？判定它们纯度的依据是什么？

答：略

4. 如果所测定的 A_{595} 值不在标准曲线内，该如何处理？

答：略

教师评阅意见

(1) 实验预习（30 分）　　成绩：_____
  □ 预习认真、熟练掌握方法与步骤（30～28）
  □ 有预习、基本掌握方法与步骤（27～22）
  □ 有预习但未能掌握方法与步骤（21～18）
  □ 没有预习，不能完成实验（17～0）

(2) 操作过程（20 分）　　成绩：_____
  □ 遵规守纪、操作熟练、团结协作（20～18）
  □ 遵规守纪、操作正确、有协作（17～15）
  □ 遵规守纪、操作基本正确、无协作（14～12）
  □ 未遵规守纪、操作错误、无协作（12～0）

(3) 实验结果与讨论（45 分）　　成绩：_____
  □ 结果翔实、结论清晰、讨论合理（45～42）
  □ 结果正确、讨论适当（41～33）
  □ 结果正确、没有分析讨论（32～27）
  □ 结果不正确、没有分析讨论（26～0）

(4) 格式与版面（5分）　　成绩：_____
□实验报告字迹工整，版面整洁（5）
□实验报告字迹较工整，版面较整洁（4）
□实验报告字迹潦草、版面凌乱（1～3）
其他意见：_____

　　教师签名：　　　　　　　　　　　　　　　　年　月　日

参考文献

张丽萍，魏民，王桂云，2011. 生物化学实验指导［M］. 北京：高等教育出版社.
李俊，张冬梅，陈钧辉，2020. 生物化学实验［M］.6 版. 北京：科学出版社.
陈鹏，郭蔼光，2018. 生物化学实验技术［M］.2 版. 北京：高等教育出版社.
杨志敏，谢彦杰，2019. 生物化学实验［M］. 北京：高等教育出版社.
刘箭等，2014. 生物化学实验教程［M］.4 版. 北京：科学出版社.
汪炳华，2002. 医学生物化学实验技术［M］. 武汉：武汉大学出版社.
汪家政，范明，2000. 蛋白质技术手册［M］. 北京：科学出版社.
张道杰，齐盛东，2002. 生物化学实验技术原理和方法［M］.3 版. 北京：中国农业出版社.
董晓燕，2021. 生物化学实验［M］.3 版. 北京：化学工业出版社.
郭勇，2002. 现代生化技术［M］.2 版. 广州：华南理工大学出版社.
厉朝龙，2000. 生物化学与分子生物学实验技术［M］. 杭州：浙江大学出版社.
曾富华，2011. 生物化学实验技术教程［M］. 北京：高等教育出版社.
赵永芳，2018. 生物化学技术原理及应用［M］.5 版. 北京：科学出版社.
萨姆布鲁克 J，拉塞尔 D.W.，2002. 分子克隆实验指南［M］.3 版. 黄培堂，等译. 北京：科学出版社.

Boyer R，2000. Modern Experimental Biochemistry［M］. 3th ed. New York：Benjamin Cummings.

Farrell S O，Taylor L E，2006. Experiments in Biochemistry：A Hands-on Approach［M］.2nd ed. Belmont，CA：Thomson/Brooks/Cole.

Ninfa A J，Ballou D P，Benore M，2010. Fundamental Laboratory Approaches for Biochemistry and Biotechnology［M］.2nd ed. Hoboken，NJ：John Wiley.